日本经典技能系列丛书

金属材料常识

（日）技能士の友編集部　编著　　李用哲　译

机 械 工 业 出 版 社

金属材料无所不在，没有金属材料的人类生活是不可想象的。本书是一本关于钢铁材料以及其他各种非铁金属材料知识的入门指导书，主要内容包括：金属材料的知识及其组织，钢及特殊钢、铸铁、非铁金属材料的品种、牌号与应用，金属材料的物理性能及力学性能的检测知识，以及金属材料的形状及成形方法。

本书可供操作工人入门培训使用。

"GINO BOOKS 20：KINZOKU ZAIRYO NO MANUAL"

written and compiled by GINOSHI NO TOMO HENSHUBU

Copyright © Taiga Shuppan，1980

All rights reserved.

First published in Japan in 1980 by Taiga Shuppan，Tokyo

This Simplified Chinese edition is published by arrangement with Taiga Shuppan, Tokyo in care of Tuttle-Mori Agency, Inc.，Tokyo

本书版权登记号：图字：01-2007-2335 号

图书在版编目（CIP）数据

金属材料常识/（日）技能士の友编集部编著；李用哲译. —北京：机械工业出版社，2009.1（2023.1 重印）

（日本经典技能系列丛书）

ISBN 978-7-111-25579-6

Ⅰ. 金... Ⅱ.①技...②李... Ⅲ. 金属材料—基本知识 Ⅳ. TG14

中国版本图书馆 CIP 数据核字（2008）第 177866 号

机械工业出版社（北京市百万庄大街22号 邮政编码100037）

策划编辑：王晓洁 何月秋 责任编辑：崔世荣 版式设计：霍永明

责任校对：陈延翔 封面设计：鞠 杨 责任印制：任维东

北京中兴印刷有限公司印刷

2023 年1月第1版第12次印刷

182mm×206mm · 7 印张 · 191 千字

标准书号：ISBN 978-7-111-25579-6

定价：35.00 元

电话服务 网络服务

客服电话:010-88361066 机 工 官 网：www.cmpbook.com

010-88379833 机 工 官 博：weibo.com/cmp1952

010-68326294 金 书 网：www.golden-book.com

封底无防伪标均为盗版 机工教育服务网：www.cmpedu.com

出版说明

　　为了吸收发达国家职业技能培训在教学内容和方式上的成功经验，我们引进了日本大河出版社的这套"技能系列丛书"，共17本。

　　该丛书主要针对实际生产的需要和疑难问题，通过大量操作实例、正反对比形象地介绍了每个领域最重要的知识和技能。该丛书为日本机电类的长期畅销图书，也是工人入门培训的经典用书，适合初级工人自学和培训，从20世纪70年代出版以来，已经多次再版。在翻译成中文时，我们力求保持原版图书的精华和风格，图书版式基本与原版图书一致，将涉及日本技术标准的部分按照中国的标准及习惯进行了适当改造，并按照中国现行标准、术语进行了注解，以方便中国读者阅读、使用。

目录

我们每天使用的材料、使用的机械几乎都是金属的。不仅是机械，还有在高速移动的交通工具上、大型建筑物上、家庭用的小工具上、一般装饰品上，在所有的地方和所有的物品上，金属以各种不同的大小、各种不同的形状被我们广泛利用着，几乎达到没有金属材料，人类就无法生活的地步。

　　本书可以作为金属材料机械加工常识的入门书。

关于金属

青铜大佛（见第19页）

金属的历史文化

据说人类从石器时代开始利用金属，已有 4000～5000 年的历史了，当时使用的是青铜。已经会使用火的人类在某种动机下，或者在偶然的情况下，把色彩斑斓的铜矿石扔进了火堆里，发现了火烧后留下的被还原的铜。或者发现并利用了自然状态下的青铜。这只是我们的推测。

不管怎么说，距今 3600 年前从中国殷朝的遗迹中就发掘出了青铜器。据下一个朝代即周朝（约 3000 年前）的史料记载，当时的人类根据不同目的可以调整铜和锡的比例。还有一种说法是周朝时期就已出现了铁器，但由于铁容易生锈腐烂，所以没有被保存下来。

按当时的技术如何提炼出铁，目前我们尚未知道。有人推测当时的人类发现并使用了从宇宙飞来的陨石（陨石大多数是以铁和镍为主要成分的陨铁）。

初期有关金属的技术是铸造。因为在日本也发现了石制的铸型，所以可以肯定首先是金属利器代替了石器，特别是使用青铜铸造了剑。

远古时代，中国的青铜铸造技术是通过什么途径传到日本的呢？是物品先传入的，还是人（持有技术的人）和物（商品）一并传入的，或者是人到日本后寻找矿石……，现在还不清楚。

公元 708 年，在日本武藏国秩父郡发现了铜矿。炼出铜后，上贡给朝廷，并把年号改为了"和铜"。这在日本历史上很有名。

据史料记载，日本人早已懂得使用铁。公元 252 年朝鲜半岛的百济国就进贡了叫"七支刀"的铁剑。由于公元 200 年日本征伐三韩的战争缘故，朝鲜半岛的很

▲白萩陨铁和用它制造的流星刀

多制铁艺人都到了日本，所以认为日本当时也有炼铁技术。

直到现在也很著名的"风箱制铁法"是否是从那个时期开始兴起来的，而且像制造日本刀所需的高难度的炼铁、制钢、热处理技术，是经历了何种发展过程，现在还不得而知。但不管怎么说这个时期日本的金属文化水平是相当高的。

就因为有了这样的锻造技术，所以日本从引进大炮开始，在短时间内就实现了火药枪的大量生产。当时日本制造的第一支火药枪的尾栓就使用了螺栓，但现在还不知道这个螺栓是如何加工出来的。

铸造是指把金属熔化并注入到铸型内，制造出所需要形状的物品。但铸造并不只取决于形状。像大佛那种巨大铸件，外观细节是无关紧要的，且看不见的内部更不成问题。但是，还有一种铸件，不仅尺寸相当大，金属成分要求也很高，而且必须保证形状及尺寸，特别要保证内部没有砂眼，这就是钟。

钟可以发出一种嗡嗡的响亮声音。它要求壁的上部要厚，到肩部逐渐变薄，往下再逐渐变厚。这个壁厚变化是铸造师的看家本领，也是微妙地影响音色的决定因素。而砂眼会影响壁厚从而影响音色。为

▲伊豆·韮山的反射炉。江川太郎左卫门为铸大炮而建

了解决这一不易发现的问题，当时的艺人可能采取了提高铸造温度、使用脱酸剂防止气体被吸收等措施。钟虽然形状简单也很朴实，但它也是高水平金属技术的体现。

此后，德川幕府的锁国政策阻滞了新的金属技术的发展步伐。而到了江户时代末期，日本在与西欧列强的交流中认识到了技术的落后。为减少这种差异，日本政府曾倡导各地引进近代技术，但短期内未能取得很好的效果。

金属的定义

一提起金属，你会联想到什么呢?

硬、光亮、不可燃、易传热、导电，这就是我们对金属的感觉。

学校化学教科书上的元素周期表中，左下方的元素都属于金属。而在元素周期表里的 100 多种元素中，金属元素就占了 3/4 左右。

在元素周期表中，化学元素分为金属元素、非金属元素及具有双重性能的两性元素。金属元素一般具有熔点高、有金属光泽、易传热、易导电等物理特性和容易形成阳离子，其氧化物和水反应后生成碱等化学特性。但也有和铝一样，平常被当作金属，而按化学性质分类时就归属于两性金属的元素。所以说，"金属"的定义并不是很明确，而且它的分类也比较麻烦。

据物理学与化学词典，金属的定义是："在常温常压下，在游离状态下呈不透明的固体状态，具有光泽和延展性，可以对其进行机械加工的电和热的良导体"。但也有像汞（俗称水银）一样，在常温常压下呈液体状态的金属。

金属一般较硬，但软的也很多。在学术上虽然作为金属，但一般常识上不把它当作金属的也不少。在元素周期表上虽然列为金属，但也有没有实物的金属。

曾经对镁（见 148 页）进行过切削加工的人，就知道还有可燃的金属。

从常识上说，可以把日常能见到的机械材料当作金属或金属材料。虽说是金属，但在理化上的定义与相关金属行业从事者及一般人对金属材料的认识有很大的不同。

理化上的定义和元素意义上的金属，对于本书的读者来说意义不大。对在日常生活中见不到的金属，"还有那样的金属啊"的了解程度就够了。而对于在日常机械加工中频繁接触的金属，应尽最大努力多了解，起码要比一般人多了解一些。

及其分类

能对金属进行分类和整理固然很方便，但不可能做得很完整。

金属首先可以划分为铁和非铁金属。在这个地球上，铁的数量比铝次之，居第二，用途很广，实际用量也最多。可以说铁是金属的代名词。相对于铁，把不是铁的金属划归为非铁金属。

金属按常识来讲是重的。而重的金属里也有相对来说轻的，它就是轻金属。轻金属的密度小，大概在$4g/cm^3$以下，例如铝、镁铍等。

与轻金属相对应的当然还有重金属。虽因公害问题经常见报，但人类还未做到正确使用它。贵金属因产出量少，且赏心悦目，所以价格高，多用于货币、装饰品等，这是常识。贵金属有：金、银、铂、铱等。

还可划分为低熔点金属。金属不燃烧、不轻易熔化，这是一般常识。低熔点金属熔点低，例如铅、锡、镉等。汞在常温下就是液体，所以当然属于低熔点金属。低熔点的界限不严密，所以有时把锌和锑也划为低熔点金属。

当然，也有相对应的高熔点金属。高熔点的界限也不严密，钨、钼、钽、铱等高熔点金属的熔点在2000℃以上。

此外，还有碱金属、稀有金属、稀土类金属等特殊金属，但它们在金属材料中所占比例很小。

元素符号

Ag	银	Mn	锰
Al	铝	Mo	钼
Au	金	Ni	镍
Be	铍	Pb	铅
Cd	镉	Pt	铂
Co	钴	Sb	锑
Cr	铬	Sn	锡
Cu	铜	Ta	钽
Fe	铁	Ti	钛
Ge	锗	V	钒
Hg	汞	W	钨
Mg	镁	Zn	锌

如上节所述，化学元素里金属元素占3/4。在此列出学校化学教科书上的元素周期表，供大家复习。

在化学元素周期表上虽列为金属，但其中很多不属于实用金属，几乎没听说过的大概占一半。而且，在化学上虽是两性元素，但作为金属材料被大家所熟知的也有几种，下面列出在相关金属书上经常出现的金属。

周期＼族	Ⅰa	Ⅱa	Ⅲa	Ⅳa	Ⅴa	Ⅵa	Ⅶa	8			Ⅰb	Ⅱb	Ⅲb	Ⅳb	Ⅴb	Ⅵb	Ⅶb	0
1	^{1}H					金属							非金属					^{2}He
2	^{3}Li	^{4}Be						两性元素					^{5}B	^{6}C	^{7}N	^{8}O	^{9}F	^{10}Ne
3	^{11}Na	^{12}Mg											^{13}Al	^{14}Si	^{15}P	^{16}S	^{17}Cl	^{18}Ar
4	^{19}K	^{20}Ca	^{21}Sc	^{22}Ti	^{23}V	^{24}Cr	^{25}Mn	^{26}Fe	^{27}Co	^{28}Ni	^{29}Cu	^{30}Zn	^{31}Ga	^{32}Ge	^{33}As	^{34}Se	^{35}Br	^{36}Kr
5	^{37}Rb	^{38}Sr	^{39}Y	^{40}Zr	^{41}Nb	^{42}Mo	^{43}Tc	^{44}Ru	^{45}Rh	^{46}Pd	^{47}Ag	^{48}Cd	^{49}In	^{50}Sn	^{51}Sb	^{52}Te	^{53}I	^{54}Xe
6	^{55}Cs	^{56}Ba	$^{57-71}$[La]	^{72}Hf	^{73}Ta	^{74}W	^{75}Re	^{76}Os	^{77}Ir	^{78}Pt	^{79}Au	^{80}Hg	^{81}Tl	^{82}Pb	^{83}Bi	^{84}Po	^{85}At	^{86}Rn
7	^{87}Fr	^{88}Ra	$^{89-103}$[Ac]															

典型元素　　　　　　　　　过渡元素　　　　　　　　　典型元素

[La]	^{57}La	^{58}Ce	^{59}Pr	^{60}Nd	^{61}Pm	^{62}Sm	^{63}Eu	^{64}Gd	^{65}Tb	^{66}Dy	^{67}Ho	^{68}Er	^{69}Tm	^{70}Yb	^{71}Lu
[Ac]	^{89}Ac	^{90}Th	^{91}Pa	^{92}U	^{93}Np	^{94}Pu	^{95}Am	^{96}Cm	^{97}Bk	^{98}Cf	^{99}Es	^{100}Fm	^{101}Md	^{102}No	^{103}Lr

合 金

首先，应该明确的是，除特殊情况，金属材料都应该是合金。所谓合金，就是包含两种以上的化学元素的具有金属特性的物质，其中至少有一种元素是金属。而且，按第 56 页的组织结构考虑的话，两种以上元素的组合方法也有很多，在此不作介绍了。

还有，无论是何种金属，提高其纯金属的纯度是很困难的。纯金属大多包含数种其他物质，而这种物质不能列为合金成分。

合金，随着其成分种类及量的变化，可以获得单一纯金属所不具备的优良特性。铁里加碳元素，就可以得到碳素钢。这个钢就是合金。

合金的命名方法有很多种。以铁为主的合金几乎都叫○○钢，可以认为钢就是铁合金。JIS(日本工业规格)的命名方法如第 86 页所示。

非铁金属不同于铁，它取主要金属的名称作为合金名，例如：铜合金、铝合金、镁合金。若有两种以上的主要金属，就把它们的金属名称并列上即可。例如：钨钼合金、镍铜合金。

除此之外，还有按其合金的来历或其他相关事项命名的俗称。例如：青铜、纯铜、黄铜、白铜、飞机合金、活字合金（铅合金）、白合金等。

还有一种与合金易混淆的金属化合物。它是由母体金属和合金元素化学结合的产物。它一般具有硬而脆、电阻大等非金属性质。例如：钢中的 Fe_3C（渗碳体），飞机合金中的 $CuAl_2$ 和 Mg_2Si，超硬合金中的 WC、TiC、TaC 等。

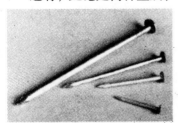

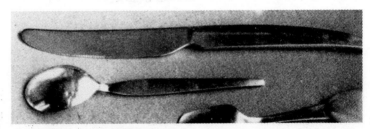

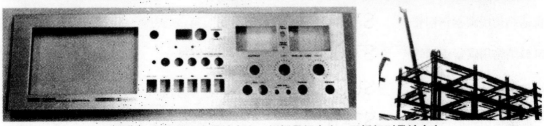

▲铁钉、钢筋其实也是铁合金，铝板是铝合金，不锈钢则是铁合金

对于普通的金属材料，JIS(日本工业规格)中有各种各样的规定。若按JIS中的冗长的规格名书写非常麻烦，于是我们为这些标准件规定了专用符号，以便于书写。

金属材料牌号

钢

一般结构用轧制钢材	SS
锅炉及压力容器用碳素钢板	SB
锅炉及压力容器用钼钢板	SB-M
焊接结构用轧制钢材	SM
焊接结构用耐热轧制钢材	SMA
研磨棒钢（碳素钢）	SS-B-D
热轧软钢板及钢带	SPHC,D,E
冷轧钢板及钢带	SPCC,D,E
一般结构用轻量型钢	SCC
一般结构用焊接轻量H形钢	SWH

钢管

结构用合金钢钢管	STKS
普通结构用碳素钢钢管	STK
机械结构用碳素钢钢管	STKMM
结构用不锈钢钢管	SUS-TK
一般结构用角形钢管	STKR

合金结构钢

机械结构用碳素钢	S-C
镍铬钢	SNC
镍铬钼钢	SNCM
铬钢	SCr
铬钼钢	SCM
机械结构用锰钢	SMn

特种钢

不锈钢	SUS
耐热钢	SUH
碳素工具钢	SK
高速工具钢	SKH
合金工具钢	SKS
弹簧钢	SUP
易切削钢钢材	SUM
高碳铬轴承钢	SUJ
耐蚀耐热合金	NCF

铸件、锻件

碳素钢锻件	SF
铬钼钢锻件	SFCM
碳素钢铸钢	SC
焊接结构用铸钢	SCW
结构用高强度碳素钢铸钢	SCC
不锈钢铸钢	SCS
耐热钢铸钢	SCH
灰铸铁	FC
球墨铸铁	FCD
黑口可锻铸铁	FCMB
白口可锻铸铁	FCMW

非铁金属铸件

黄铜铸件	YBsC
高强度黄铜铸件	HBsC
青铜铸件	BC
青铜铸件	SZsC
磷青铜铸件	PBC
铝青铜铸件	AlBC
铝合金铸件	AC
锌合金模铸件	ZDC
铝合金模铸件	ADC
白色合金	WJ
轴承用铜铅合金铸件	KJ

非铁金属

铜及铜合金	C ○○○○
铝及铝合金	A ○○○○
镁合金	M
镍铜合金	NCu

在这里添加材料种类的符号。如：板材 P、棒材 B、管材 T、线材 W。

"金"字旁的金属

"金"字旁的金,有"钱"的意思,也有"黄金"的意思。下面让我们列出金属的汉字名。

"银、铜、铁、铅、锡",从中可以看出,编制汉字的时候只有这些金属(不知道、也不可能知道其他金属)。

"金"字旁的东西里最多的是金属制品,而且其利用范围最广的铁制作为主。而很多物品名的汉字在日本当用汉字里找不到。如:

針 —— 针
鋏 —— 剪刀
釘 —— 钉子
鋲 —— 大头钉
鎹 —— 扒钉
鉋 —— 刨子
錐 —— 锥子
鑽 —— 钻
鑢 —— 锉
鋸 —— 锯
鎚 —— 锤子
鏝 —— 镘子
鉈 —— 柴刀
釿 —— 锛子
鉞 —— 板斧
鉤 —— 钩子
鋤 —— 锄头
鍬 —— 锹

鎌 —— 镰刀
鏃 —— 箭头
鐔 —— 刀剑护手
鎧 —— 铠甲
鐙 —— 脚蹬
錠 —— 锁头
鍵 —— 钥匙
鎖 —— 锁链
錨 —— 锚
錘 —— 砣
鏡 —— 镜子
鈴 —— 铃铛
鐘 —— 钟
錦 —— 锦缎
鍋 —— 锅
釣 —— 钩子

下面是日本当用汉字里面的名称, 如:

銳 —— 锐利
鉱 —— 矿石
鋼 —— 钢
銃 —— 枪
錢 —— 钱
銑 —— 铣
鍛 —— 锻造
鑄 —— 铸造
鎮 —— 镇定
鈍 —— 钝
銘 —— 铭刻

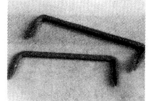
◀扒钉

◀镘

◀锚

◀护手

◀钟

五金

下面列出了只与颜色有关的金属名称，它们是在日本很早以前开始使用的习惯叫法。

黄金代表金黄色。有"金黄色的稻穗"、"朝日下跃动的金黄色的波浪"等表现法，当然是指"金"。

白银俗称白金。当然是指"银"。因白雪在阳光下闪闪发光，所以现在经常用来比喻白色的雪。

赤铜俗称赤金。有"赤铜色的皮肤"的形容。经常用来形容在阳光下烤红的皮肤及颜色。

在奥林匹克、世界大赛或技能大赛上，对前三位的优胜者就颁发这3种颜色的奖牌。金、银、铜是在科学技术没有发达之前就开始被人类所掌握的金属。它具有软而易加工、看起来很美等特点，所以当权者就储藏它，用于装饰，还当作货币来使用。这似乎东西方相通。

黑铁俗称黑金。这与美丽的颜色无关，曾经用来比喻力量和勇猛。例如：从前比喻为"攻、守全是黑铁"的军舰或蒸汽机车。但铁不是黑色，纯铁色为白色，只是在高温下表面生成了氧化膜，而这种黑皮包裹着铁，所以铁被误认为是黑色的。

苍铅俗称青金。铅的表面让人感觉到发青光，而且像用"铅色的天"形容天空一样，现在用铅来形容灰色的或阴暗的情形。

以上五色——即五种金属在中国古代被称为"五金"。这种名称后来被传到了日本。

◀ 金黄色的波浪

◀ 银白色的雪

◀ 紫铜色的皮肤

◀ 黑铁色的守护

◀ 铅色的天空不蓝

15

日本刀

制作日本刀的过程包含了炼铁、炼钢、锻造、热处理等一系列的技术。

下面了解一下这个过程。

炼铁是按"风箱制铁法"的日本传统工艺进行的。炼出来的就是叫做钢坯的用来制造日本刀的材料。钢坯含碳量过高，且材质不均匀，把它加热后敲打成板状，用水激冷，然后打碎成小块儿。

从这个"钢坯"开始才是刀匠的工作。这个"钢坯"的制作方法，到现在还不明确。

把这些小块儿叠加在一起加热，然后锤打成一体，再把它加热，并按纵、横十字方向折叠、锤打。这样反复十几次，这就是制钢。"钢坯"的材质是不均匀的，但通过反复的折叠锤打，就变成了多层。假如反复这个过程 15 次，就可以得到 $2^{15}=16384$ 层。这样，就可以得到极其均匀的材质。所以，这个过程尤为重要。

这种折叠锤打，每回可以获得质量分数为 0.03% 的脱碳效果。而这个次数靠刀匠依据锤打过程中的力度来判断。这样就得到了所需含碳量的钢。

观察日本刀的断面，中心

▲钢坯

▲把钢坯打碎成小块儿加热

▲把钢坯反复折叠的方法来制钢

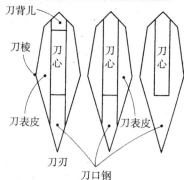

刀背儿

刀棱

刀心 刀心 刀心

刀表皮 刀表皮

刀刃

刀口钢

▲日本刀的断面和钢的组合方法

▲组合后的钢块

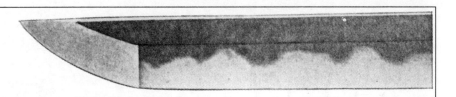

部的材质由柔软（不易折断）的低碳钢（碳的质量分数少于0.1%）构成,外围周圈特别是刃口部位的材质由坚硬的叫做刃口钢的高碳钢（碳的质量分数为0.7%左右）构成。而这种组合方式有很多种类。

加热按种类组合的钢,并锤打锻接,直到拉拔成刀的形状为止。然后进行校直、用锉加工刀背儿等精修工作。

之后,就是热处理。先把泥涂抹到刀刃之外的其他部分。因这种泥的厚、薄及好坏影响淬火时的冷却速度,所以有了因金相组织的不同而形成的刀纹。这个热处理方法也分很多种类。

然后就是加热淬火。淬火方式为水淬。通过淬火,可以获得你所希望的刀形。淬火硬度为: $Hv700 \sim Hv800$ ⊖。接着进行回火。

最后,用锉加工插入刀柄的部分,修形,加工穿钉孔,雕刻出文字及花纹,最后交给研磨师。

⊖ 维氏硬度符号及写法与我国不同,例如日本写法为 $Hv700 \sim Hv800$;我国对应写法为 $700 \sim 800HV$。

——译者注

▲加热、锻接组合后的钢

▲锤打拉拔成刀形

▲渐渐有了刀的形状

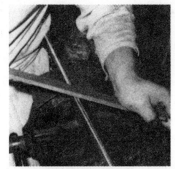

▲用锉加工出刀背

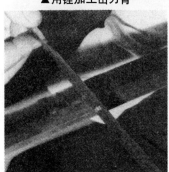

▲往刃部之外的部位涂泥

▲用水淬火

货币

把金、银、铜作为货币使用，是全世界通行的作法。公元708年，日本在武藏国秩父郡箕山发现了和铜（自然铜），因而把年号改为和铜，并铸造了叫和铜开珎的货币。这可能是日本最初的货币。

之后虽然制造了很多货币，但它在较完备的货币经济体制下真正开始流通起来的时代是江户时代。由于篇幅所限在此不再陈述货币的历史，只介绍一下现在日本大藏省造币局制造的货币的种类。除了下表中的货币之外，还可以流通的货币有以前制造的100元银币，50元镍币，周边为锯齿状的10元铜币，无孔的5元黄铜币（文中的元指日元）。

还有，江户时代以前的货币是铸造的，而现在的货币是用压力机冲压加工（冲裁）制造的。而且，货币的成分及尺寸现在有相关规定，要求靠颜色、形状及大小一眼就可以分清货币的种类。

▲被称为世界最大金币的天正菱大钱（长约140mm）

▲和铜开珎

▼现在货币的成分表

	成分（质量分数，%）		直径/mm	孔径/mm	重量/g
100日元	铜 镍	75.0 25.0	22.6	—	4.8
50日元	铜 镍	75.0 25.0	21	4	4
10日元	铜 锡 锌	95.0 1.0~2.0 4.0~3.0	23.5	—	4.5
5日元	铜 锌	60.0~70.0 40.0~30.0	22	5	3.75
1日元	纯铝		20	—	1

大佛

一提起奈良和鎌仓大佛，一般都见过一次。因为修学旅行或观光旅行的旅游项目里几乎都有这一项。那么，这个大佛是用什么材质做的呢？是怎么做的呢？这个大佛是青铜铸件。那么距今约1300年或800年前是如何制造了这么大的铸件的呢？这个铸型是如何制作的呢？

关于制作方法，还在争论之中，没有定论。但鎌仓大佛从痕迹上看，它是从下面开始分7次按顺序铸造上去的，然后把头安放在上面。关键是铸型的制作。先用木头架出骨架，再用粘土做出凸型，按凸型制取凹型，然后只刮掉铸件壁厚量的凸型表面，再往两个模型中间倒入金属液体。这是一种学说。内部当然是空的。

总之，大佛是国宝，为了分析，刮刮看，那是绝对不可能的。所以，还不知道它的正确材质。

还有，制造当时，是把金和水银的混合物涂抹到大佛身上，通过加热把水银蒸发掉完成镀金的。这又是一种学说。现在，鎌仓大佛的脸上还留有一点金色。

▲从后背看到的接缝线

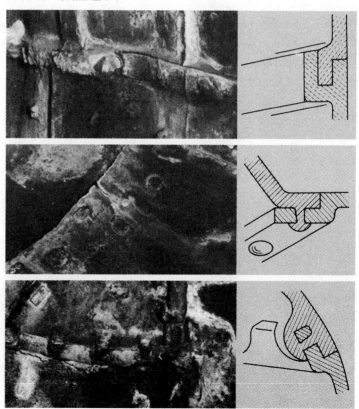

▲7段铸造时的连接方法。受力不同，其连接法也不同

19

有一本名叫《韩非子》的书。这是中国的远古时期,距今大约2200年前的战国时代写的。这本书上有这样的记载:

楚国有个人卖矛和盾。"这个矛可以破任何盾","这个盾可以防任何矛"。他正高声叫喊着。这时有个客人说到:"如果用你的矛刺一下你的盾的话,怎么样呢?"。卖者哑口无言。

从此,用"矛盾"来比喻前后相反的话。

攻击用的矛,防守用的

矛盾

盾,都是金属,而且很自然用的都是最坚硬的金属。当时,

是使用什么样的金属,用什么样的方法制造的,现在还不清楚。但只要是兵器,这个矛和盾的关系是永恒的。拿现在的兵器来说,是否是战车的装甲板和与它相克的装甲弹的关系呢?

这就是现代的矛盾?

▲陆上自卫队74式战车(搭载105mm炮)

金属的性能

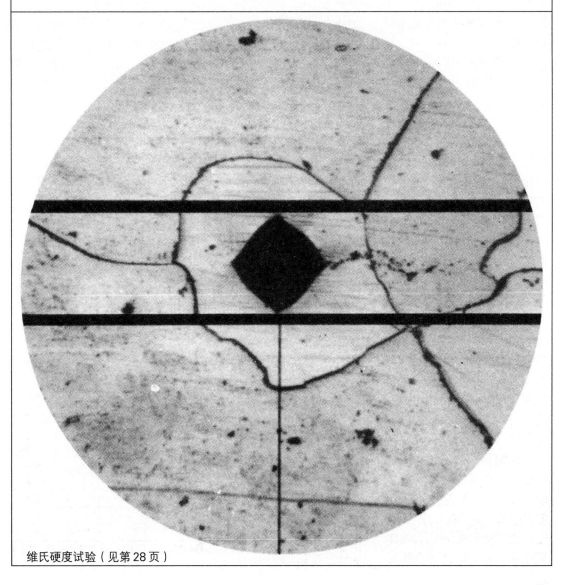

维氏硬度试验（见第28页）

物理性能

金属的物理性能，大体是由原子内的原子数量决定，并按元素周期表的排序重复相似的性能。这么一说，简直就枯燥了，但它们的不同性能与我们的工作和生活息息相关。下面就简单介绍一下这方面的内容。

●熔点：指金属的熔化温度。这对冶炼影响很大。如钨等高熔点金属不可能通过熔化冶炼出来，需用其他方法冶炼。低熔点的金属有利于铸造，其低熔点还有其他用途。

●热导率：是指导热的好坏。在化工装置上有一种叫做热交换器的部件，这种部件就要用热导率高的铜。热导率低的金属是不锈钢。因切削热无法传给切屑，所以容易烧坏切削刃。不锈钢锅的底部因进行了镀铜处理，所以热量可以快速传遍整个锅底。不然的话，只有火焰部位受热物品就会被烤焦。

●线[膨]胀系数：把随着温度变化而引起的膨胀或收缩在长度方向上表示出来（一般省略前面的"膨"字）。膨胀就会引起体积变化，若按体积变化来表示的话将会很麻烦，所以就用容易测量的长度变化来表示。最好的例子是铁道线上的铁轨，铁轨与铁轨之间留有夏季膨胀量（变长）的间隙。可是，现在有时把焊接很长的铁轨直接紧固在枕木上，阻止了它的热膨胀。

●电阻：衡量导电性能的好坏。可以比较一下铜电线和镍铬电线。

●密度：俗称为比重。密度越大，重量越重（比重也大）。把它与水相比的数值就是比重。

金属的熔点、热导率、线[膨]胀系数、电阻和密度如下表所示。

名称	熔点/℃	热导率/（cal/cm²/s/℃/cm）	线[膨]胀系数10⁻⁶/℃	电阻 μΩ/cm	密度/（g/cm³）
锌	420	0.27	39.7	5.45	7.1
铝	660	0.53	23.9	2.50	2.7
锑	631	0.045	8.5～10.8	32.1	6.6
镉	321	0.22	29.8～	6.73	8.7
金	1063	0.71	14.2	2.04	19.3
银	961	1.0	19.7	1.50	10.5
铬	1890	0.16	6.2	13	7.2
钴	1495	0.165	12.3	5.2	8.9
锆	1750			40.5	6.5
锡	232	0.16	23	10.1	7.3
钨	3410	0.48	4.3	4.89	19.3
钛	1820		8.5	4.2	4.5
铁	1539	0.18	11.7	8.71	7.9
铜	1083	0.94	16.5	1.55	9.0
铅	327	0.08	29.3	19.3	11.3
镍	1455	0.22	13.3	6.58	8.9
铂	1774	0.17	8.9	9.81	21.5
钒	1735		7.8	18.2	6.0
铍	1280	0.38	12.4	2.78	1.8
镁	650	0.38	26	4.2	1.7
锰	1245		22	185	7.4
钼	2625	0.35	4.9	5.03	10.2

注：表中热导率和电阻数值由于其使用的计算单位不同，故数值也不同，仅供参考。——译者注

力 学 性 能

金属材料的JIS（日本工业规格）里一般都有力学性能这一项。

机械上作用着各种各样的力。不只限于机械，连静止不动的建筑物，按其梁和柱等不同的部位，有的部位受拉力，有的部位受压力，而有的部位受弯曲力。而且，随着风或地震，所受的力变得更大。

以运转为前提的机械，受到这样的力是理所当然的，它还受到冲击力，而反复受到同样力的部位还会产生疲劳。

通过实验可以判断金属能不能经得起这种力量，因弱而造成损坏是不可以的。金属材料抵抗外力而不损坏的能力，称为金属材料的力学性能。

检验金属力学性能的试验方法有很多，最主要的在JIS上有规定。如：拉伸试验、弯曲试验、扭曲试验、冲击试验、疲劳试验、硬度试验等等。

JIS标准规定了通过这种试验得到的各种数据以及金属材料的主要使用方法。

当然，这种数据是设计依据，本书的读者不必太在意。

掌握一点这方面的知识有好处。如：切削金属时可以解释或判断金属的软硬、切屑的长短。最起码要知道切削刀的硬度比被切削的金属的硬度要高。

▲柱被压缩、梁被弯曲

▲主要的是经得起油压的抗拉强度

▲传动轴需要抗扭强度

▲铁轨表面是硬的

什么叫软硬度

金属是硬的，这是人们的一般常识。这本书的读者大都知道，这个理应硬的金属也有不硬的（软的）。因为用硬的金属（刃具＝切削工具）才能切削比它软的金属。

有一些人把软硬度叫做硬度，这是个错误。不只是词语错误，就连其思维也是错误的。

长度单位不仅有米、尺、寸，而且还有英尺、厘米。单位虽然不同，但各单位之间有一定的比例关系，它们之间可以进行换算。重量单位也是如此。

但软硬度就与它们不同。在第26～33页中介绍了JIS的4种软硬度试验方法，而通过这4种试验方法得到的软硬度不仅数值完全不同，而且相互之间没有比例关系。在第34页里虽然列出了一部分软硬度对应表，但数值变化不仅没有规律，而且还有空白处（有一定的适用范围）。

不仅如此，对试验位置还有限制，即在同一位置不能进行重复试验。对试验材料也有限制，即无法保证对目标物体进行试验。

软硬度值是通过试验得到的，而不是对实物进行测量得到的。也就是说，不是用硬度计测量得到的，而是通过软硬度试验机试验得到的。总之，是软硬度，而不是硬度；是试验，而不是测量；是

▲硬度无法测量

软硬度试验机，而不是硬度计。

那么，什么是软硬度呢？现在还不很明确，所以才有很多种试验方法。

但是，谁都具有软和硬的感觉和概念。用某一种物体压或刮另一种物体时，物体是否会产生变形或划伤，其量有多大，这就是对软硬度的模糊认识。

还有一个问题，"硬"是否等同于"坚固"呢？

普遍认为硬=坚固。但硬的物体有时很脆，玻璃就是其中的一种。若使用第 26 页之后的试验方法对其进行试验，就会发生碎裂或掉碴现象。所以这种试验方法不适用于玻璃的硬度试验。

相反，普遍认为软=不结实，但橡胶又如何呢？总之，软硬度很难理解。

铁可以削铁……

铁可以切铁……

这是它们之间有软硬度差异的缘故……

布氏硬度

*H*B

所谓布氏硬度，就是把球压入试验材料中，按此时形成的凹坑的面积大小来判断的硬度。

这个球当然要比试验材料硬。若把球强行压入比它硬的材料中，将会造成球的损坏，所以不能试验比它硬的材料。

这个球在JIS里叫做球压头，规定使用钢球或超硬合金球。JIS里的叙述如下：

所谓布氏硬度，是指用球压头压入试验材料表面时，在试验面上压出凹坑所需的载荷除以用残余凹坑直径计算出来的凹坑表面积的商。其计算公式如下：

$$H_B = \frac{2F}{\pi D(D - \sqrt{D^2 - d^2})}$$

式中　H_B——布氏硬度（kgf/mm²）；

　　　F——载荷 (kgf)；

　　　D——球压头直径 (mm)；

　　　d——凹坑直径 (mm)。

在这个公式里无法知道球压头的直径和载荷的大小。一般的试验条件是球压头的直径为10mm，载荷为3 000kgf。为区别球压头的类型，钢球用S，硬质合金球用W表示。布氏硬度的表示方法为：H_BW(10/3 000)○○。因这个条件是标准值，所以省略为：H_BW ○○[⊖]。

▲布氏硬度试验机

⊖ 布氏硬度符号及写法与我国不同，例如日本写法为 *H*BW200；我国对应写法为 200*H*BW。——译者注

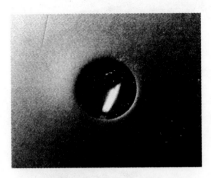

▲用球压头压出的凹坑

▲由于是压出的坑，所以表面也是曲面

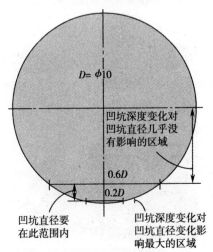

▲凹坑直径 d 的范围

▼布氏硬度试验的球压头直径（D）与载荷（F）的组合表

D/mm	F/kgf				
10	3 000	1 500　1 000	500　250	125　100
5	750	375　250	125	25
	钢	铜合金 铝合金	铜 铝	锡，铅

除此标准之外，还有（10/1 000）、（10/500）、（5/750）、（5/375）等直径 D 和载荷 F 的组合，如上表所述。这些试验条件的取舍取决于凹坑的直径d，即d的大小要在0.2D～0.6D之内。

例如：假设凹坑的直径为2mm，则按前面布氏硬度的计算公式可以得出其值约为960。这个数值在第34页的对应表上找不到。请看本页左下图。D为10mm，d为2mm，则凹坑的直径为0.2D。这是极小的深度变化就产生很大的d值变化的部分。而且，这么高的数值还会引起球压头的变形，所以说这个数值的误差很大。

相反，假设d为6mm，即0.6D，则数值约为96。在图上是深度变化对d没有多少影响的部分，这个数值也不在第34页的对应表上。试验材料能软到被压出这么深的凹坑？所以这个数值的精确度也不够。

这种实验方法，是把球压入到金属材料上，使其产生凹坑，而薄料的被球压的部位有可能产生变形，所以不适用于较薄的材料。JIS上规定，材料的厚度要大于凹坑的8倍。

还有，试验时若始终用球的相同部位，则会引起球的变形，也会造成数值的不准确。所以规定，每次试验都需旋转球压头。

这个布氏硬度试验将会造成 φ10mm 球压出的凹坑，这个凹坑的大小用肉眼就可以看得到，所以不能用于成品的试验。

载荷有的用油压，有的用杠杆，有的用秤砣获得。

维 氏 硬 度

Hv

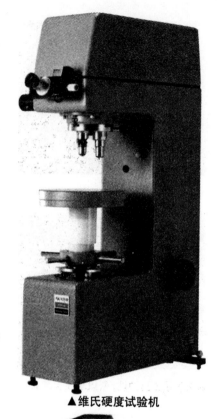

▲维氏硬度试验机

　　所谓维氏硬度，就是把金刚石的尖角压入试验材料中，按此时形成的凹坑的面积大小来判断的硬度。与布氏硬度的球压头相对应，这个试验使用四棱锥压头。

　　金刚石是地球上最硬的物质。所以，它可以进行比布氏硬度硬的材料的试验。还有，因试验材料的厚度要求是凹坑对角线长度的 1.5 倍以上即可，所以，可以进行薄的物体或薄部位的硬度试验。

　　JIS 的定义：所谓维氏硬度，是指用相对面夹角为 136° 的金刚石四棱锥压头压入材料的试验面时，在试验面上压出金字塔形凹坑所需的载荷除以用残余凹坑对角线计算出的凹坑表面积的商。其计算公式如下：

$$Hv = 1.854 \frac{F}{d^2}$$

式中　*Hv* ——维氏硬度（kgf/mm²）；

　　　　F ——载荷（kgf）；

　　　　d ——凹坑对角线长度的平均值（mm）。

　　这个公式中的载荷 *F*，一般采用 1kgf，5kgf，10kgf，20kgf，30kgf，50kgf ⊖。若试验材料无缺陷，则硬度值不随载荷而变化。这个特点可以说明，用小载荷（如 200gf）可以进行很薄物体的硬度试验。

　　⊖ 1kgf=9.8N。另外，计算公式中系数 1.854；在 GB/T4340.1—1899 中为 0.1891。相应载荷 *F* 的单位为 N。——译者注

28

▲前端相对面夹角为 136° 的
金刚石四棱锥

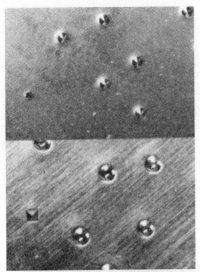

▲ H_V 与 H_R 的比较：上部是硬度值为 H_RC34 的材料的 H_V 试验凹坑，下部是硬度值为 33HRB 的材料的 H_V 试验凹坑

▲ 对45钢的铁素体（白色部分）用25gf 的载荷，对珠光体（黑色部分）用50gf 的载荷进行了硬度试验，从中可以知道珠光体比铁素体硬。不仅对物体，还可以对渗碳层、渗氮层进行硬度试验。还有用 1gf 载荷的特殊领域

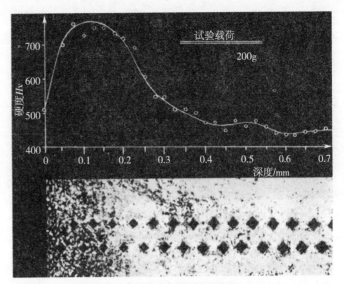

▲渗碳淬火层的硬度试验

用 H_V ○○○ 表示硬度值，数值为 3 位数。

因维氏硬度与布氏硬度的原理一样，所以这两种试验的数值很接近。

由于它的特点，维氏硬度试验方法较适合于小部位的硬度试验，因此，微小硬度试验法里就包含了小载荷的维氏硬度试验法。微小硬度试验法里还有Knop硬度试验法。

如上部照片上的渗碳淬火层，微小硬度试验法较适合于表面硬化层的硬度试验。

左侧照片证明了45钢的珠光体和铁素体组织的不同硬度。珠光体在载荷较大的情况下被压出的凹坑却较小，说明珠光体的硬度高于铁素体。

洛氏硬度

*H*R

▲洛氏硬度试验机

▲球压头(左)和金刚石压头（右）

机械工厂最常用的就是这个洛氏硬度。特别是热处理后的零件的硬度试验，一般都进行洛氏硬度试验。

洛氏硬度试验法被广泛使用，其原因就是它的方法简单。不论是布氏硬度还是维氏硬度，其试验方法都需要测量用压头压出的凹坑的直径或对角线长度，这很麻烦。

而洛氏硬度试验法，用压头压出凹坑虽然与之相同，但只需通过凹坑的深度就可以判断硬度值。所以，试验机可以直接显示凹坑的尺寸，而不需要进行测量，只需用压头压的试验动作，就可以得到硬度值。

以JIS测定洛氏硬度：先用基准载荷压，然后用主载荷压，之后再恢复到基准载荷时，依据前后两次基准载荷下的凹坑的深度差计算出的值就是洛氏硬度。

洛氏硬度试验所使用的压头，有直径为 1/16 in（1.588mm）的球压头（钢球或超硬合金球）和金刚石压头（顶角为 120° 的圆锥）。

这两种压头需要分开使用。因为主载荷多种多样，所以，压头和主载荷的组合也多种多样。根据不同的组合，分为 A,B,C……。下页表为其组合表。

常用的是洛氏硬度 C。它的试验标准为：使用金

HRB33

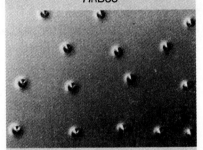

HRC34

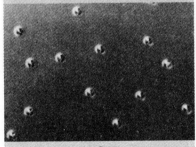

HRC47

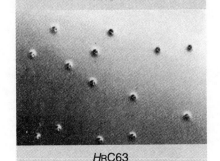

HRC63

▲硬度和凹坑的比较

▼洛氏硬度的标准及载荷、压头的组合表

等　级	标准载荷/kgf	试验载荷/kgf	压　头
A	10	60	金刚石压头
B	10	100	1/16 in 球压头
C	10	150	金刚石压头
D	10	100	金刚石压头

刚石压头，基准载荷为 10kgf，主载荷为 150kgf（注：1kgf =9.806 65N）。热处理后的工具类等零件基本上用这个标准进行试验。用 H_RC 表示，其上限为 70 左右。

H_RC 的150kgf主载荷不能用于薄板的硬度试验。对薄钢板或进行过淬火、渗碳、渗氮等的表面硬化层进行硬度试验时，应减小载荷，使用100kgf（H_RD）或60kgf（H_RA）主载荷。

使用 1/16 in 球压头，100kgf 主载荷，这个标准就是 H_RB。如同在布氏硬度试验中，把球头的直径由 ϕ10mm 变为 ϕ1.588mm，把载荷由 3 000kgf 变为 1 000kgf。一般适用于较软零件的硬度试验。

请看第34页的硬度对应表。硬的用 H_RA、H_RC、H_RD[注]，软的用 H_RB 衔接的较好。而在标准 A、C、D 中 D 是不常用的，可能是用 A 就足够的缘故吧。

还有使用 H_RB 的压头，主载荷用 15kgf、30kgf、45kgf，基础载荷相应下调为3kgf，对柔软材料进行试验的方法，也叫做 T 硬度试验，主载荷为 15kgf 时表示为 H_R15T。

相反，使用 H_RA 的压头，把主载荷下调到与 T 硬度试验法相同，用于硬薄板类的硬度试验，叫做 N 硬度试验法。

○ 洛氏硬度符号及写法与我国不同，例如日本写法为 H_RC35; 我国对应写法为 35HRC。——译者注

31

肖氏硬度
Hs

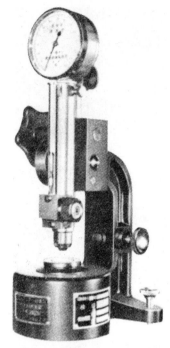

肖氏硬度是在机械工厂的工作现场经常使用的试验方法。肖氏硬度试验方法与其他硬度试验方法，即按压头压入形成的凹坑大小来决定硬度的试验方法完全不同。它是把前端为金刚石的冲头落到进行硬度试验的工件上，按其回弹高度决定硬度值的试验方法。工件越硬，冲头的回弹量就越大。

若对橡胶这种有弹性的物体进行试验，冲头的回弹量有时会发生比钢还要大的怪现象。因此，必须比较相同杨氏模量的物体。否则，这个数值没有任何意义。实际上，我们可以把它当作钢件专用的试验方法即可。

肖氏硬度试验，其冲头重量及降落高度随着试验机而变。所以，虽有计算公式，但还是在试验机上直接读取其值。其回弹高度的读取，有按纵标尺目测的C型试验机和在刻度盘上显示的D型试验机。

还有，因读取数值时会产生偏差，所以规定把5次连续读取数值的平均值作为肖氏硬度值。

虽然这样，但随着试验操作者的不同，其数值还是会出现很大的差异，说明读取数值也需要达到熟练程度。所以，有不太相信肖氏硬度的倾向。

但是，因为使用了锤头的回弹原理，所以这个试验不损伤试验对象。因而可以直接试验成品和加工后的材料。而且，试验设备简单，便于移动。还有，从试验设

▲肖氏硬度试验机

▲可读取指针停住位置数据的 D 型试验机

备上单独拆下计量筒，可以手拿着进行试验。由于有以上很多优点，所以在现场应用广泛。肖氏硬度用 $Hs^{\ominus}$ 表示，有必要区分目测型（C 型）和指示型（D 型）试验机时以 HsC、HsD 表示。

肖氏硬度不仅数值不稳定，而且其试验方法也完全不同。所以，即使是同样的硬度，但其性质是完全不同的。所以说，如第 24 页所述肖氏硬度很难搞清楚。

▲圆棒也可以放在 V 形块上进行试验

▲对大件物体可从本体上拆下并移动进行试验

⊖ 肖氏硬度符号及写法与我国不同；例如日本写法为 Hs30；我国对应写法为 30HS。——译者注

33

钢的硬度换算表

如同第24页所述，硬度很难正确理解。第26~33页的几种硬度试验法的硬度值，

●相对于维氏硬度的换算值

维氏硬度	布氏硬度 球径:10mm，载荷:3000kgf			洛氏硬度				肖氏硬度
	标准球	HUIT-金刚石压头	碳化钨球	A标准，载荷：60kgf，金刚石压头	B标准，载荷：100kgf，116in球	C标准，载荷：150kgf，金刚石压头	D标准，载荷：100kgf，金刚石压头	
570	—	527	535	77.8	—	53.6	65.8	—
560	—	519	525	77.4	—	53.0	65.4	71
550	505	512	517	77.0	—	52.3	64.8	—
540	496	503	507	76.7	—	51.7	64.4	69
530	488	495	497	76.4	—	51.1	63.9	—
520	480	487	488	76.1	—	50.5	63.5	67
510	473	479	479	75.7	—	49.8	62.9	—
500	465	471	471	75.3	—	49.1	62.2	66
490	456	460	460	74.9	—	48.4	61.6	—
480	448	452	452	74.5	—	47.7	61.3	64
470	441	442	442	74.1	—	46.9	60.7	—
460	433	433	433	73.6	—	46.1	60.1	62
450	425	425	425	73.3	—	45.3	59.4	—
440	415	415	415	72.8	—	44.5	58.8	59
430	405	405	405	72.3	—	43.6	58.2	—
420	397	397	397	71.8	—	42.7	57.5	57
410	388	388	388	71.4	—	41.8	56.8	—
400	379	379	379	70.8	—	40.8	56.0	55
390	369	369	369	70.3	—	39.8	55.2	—
380	360	360	360	69.8	110.0	38.8	54.4	52
370	350	350	350	69.2	—	37.7	53.6	—
360	341	341	341	68.7	109.0	36.6	52.8	50
350	331	331	331	68.1	—	35.5	51.9	—
340	322	322	322	67.6	108.0	34.4	51.1	47
330	313	313	313	67.0	—	33.3	50.2	—
320	303	303	303	66.4	107.0	32.2	49.4	45
310	294	294	294	65.8	—	31.0	48.4	—
300	284	284	284	65.2	105.5	29.8	47.5	42
295	280	280	280	64.8	—	29.2	47.1	—
290	275	275	275	64.5	104.5	28.5	46.5	41
285	270	270	270	64.2	—	27.8	46.0	—
280	265	265	265	63.8	103.5	27.1	45.3	40
275	261	261	261	63.5	—	26.4	44.9	—
270	256	256	256	63.1	102.0	25.6	44.3	38
265	252	252	252	62.7	—	24.8	43.7	—

●相对于洛氏硬度C

洛氏硬度C	维氏硬度	布氏硬度 球径：10mm，载荷：3000kgf		
		标准球	HUIT-金刚石压头	碳化钨球
68	940	—	—	—
67	900	—	—	—
66	865	—	—	—
65	832	—	—	739
64	800	—	—	722
63	772	—	—	705
62	746	—	—	688
61	720	—	—	670
60	697	—	613	654
59	674	—	599	634
58	653	—	587	615
57	633	—	575	595
56	613	—	561	577
55	595	—	546	560
54	577	—	534	543
53	560	—	519	525
52	544	500	508	512
51	528	487	494	496
50	513	475	481	481
49	498	464	469	469
48	484	451	455	455
47	471	442	443	443
46	458	432	432	432
45	446	421	421	421
44	434	409	409	409
43	423	400	400	400
42	412	390	390	390
41	402	381	381	381
40	392	371	371	371
39	382	362	362	362
38	372	353	353	353
37	363	344	344	344
36	354	336	336	336
35	345	327	327	327
34	336	319	319	319

相互之间也没有关联。下面的表是对同一种钢进行不同种类的硬度试验后取得的数值，相当于硬度值近似换算表。本表省略了一部分内容，只重点介绍了日常使用范围内的数值。

的换算值

洛氏硬度			肖氏硬度
A标准，载荷：60kgf，金刚石压头	B标准，载荷：100kgf，¹⁄₁₆in球	D标准，载荷：100kgf，金刚石压头	
85.6	—	76.9	97
85.0	—	76.1	95
84.5	—	75.4	92
83.9	—	74.5	91
83.4	—	73.8	88
82.8	—	73.0	87
82.3	—	72.2	85
81.8	—	71.5	83
81.2	—	70.7	81
80.7	—	69.9	80
80.1	—	69.2	78
79.6	—	68.5	76
79.0	—	67.7	75
78.5	—	66.9	74
78.0	—	66.1	72
77.4	—	65.4	71
76.8	—	64.6	69
76.3	—	63.8	68
75.9	—	63.1	67
75.2	—	62.1	66
74.7	—	61.4	64
74.1	—	60.8	63
73.6	—	60.0	62
73.1	—	59.2	60
72.5	—	58.5	58
72.0	—	57.7	57
71.5	—	56.9	56
70.9	—	56.2	55
70.4	—	55.4	54
69.9	—	54.6	52
69.4	—	53.8	51
68.9	—	53.1	50
68.4	109.0	52.3	49
67.9	108.5	51.5	48
67.4	108.0	50.8	47

●相对于布氏硬度的换算值

布氏硬度 球径:10mm，载荷:3000kgf			维氏硬度	洛氏硬度				肖氏硬度
标准球	HUIT-金刚石压头	碳化钨球		A标准，载荷:60kgf，金刚石压头	B标准，载荷:100kgf，116in球	C标准，载荷:150kgf，金刚石压头	D标准，载荷:100kgf，金刚石压头	
363	363	363	383	70.0	—	39.1	54.6	52
352	352	352	372	69.3	110.0	37.9	53.8	51
341	341	341	360	68.7	109.0	36.6	52.8	50
331	331	331	350	68.1	108.5	35.5	51.9	48
321	321	321	339	67.5	108.0	34.3	51.0	47
311	311	311	328	66.9	107.5	33.1	50.0	46
302	302	302	319	66.3	107.0	32.1	49.3	45
293	293	293	309	65.7	106.0	30.9	48.3	43
285	285	285	301	65.3	105.5	29.9	47.6	—
277	277	277	292	64.6	104.5	28.8	46.7	41
269	269	269	284	64.1	104.0	27.6	45.9	40
262	262	262	276	63.6	103.0	26.6	45.0	39
255	255	255	269	63.0	102.0	25.4	44.2	38
248	248	248	261	62.5	101.0	24.2	43.2	37
241	241	241	253	61.8	100.0	22.8	42.0	36
235	235	235	247	61.4	99.0	21.7	41.4	35
229	229	229	241	60.8	98.2	20.5	40.5	34
223	223	223	234	—	97.3	18.8	—	—
217	217	217	228	—	96.4	17.5	—	33
212	212	212	222	—	95.5	16.0	—	—
207	207	207	218	—	94.6	15.2	—	32
201	201	201	212	—	93.8	13.8	—	31
197	197	197	207	—	92.8	12.7	—	30
192	192	192	202	—	91.9	11.5	—	29
187	187	187	196	—	90.7	10.0	—	—
183	183	183	192	—	90.0	9.0	—	28
179	179	179	188	—	89.0	8.0	—	27
174	174	174	182	—	87.8	6.4	—	—
170	170	170	178	—	86.8	5.4	—	26
167	167	167	175	—	86.0	4.4	—	—
163	163	163	171	—	85.0	3.3	—	25
156	156	156	163	—	82.9	0.9	—	—
149	149	149	156	—	80.8	—	—	23
143	143	143	150	—	78.7	—	—	22
137	137	137	143	—	76.4	—	—	21

35

抗拉强度

一说金属材料的抗拉强度，似乎有懂的感觉，至少在理论上似乎比硬度好解释，用外力拉伸同等直径的棒，比较断裂时的力就可以了。

在科学上所说的抗拉强度，是指用规定的试样，在规定的试验机上，按规定的试验方法测得的数值。

抗拉试样有1~14号16种固定的形状与尺寸。这些试样的使用取决于被试验材料的种类，如：棒材、板材、线材等，这些标准在JIS上有规定。

除抗拉强度之外，还可以检测屈服强度、规定残余伸长应力、断后伸长率、断面收缩率等，其检测方法在JIS上也有规定。

在金属材料的JIS里，按其规格（用途）的不同，规定了这些项目的数值。线材只指定了抗拉强度，而结构钢不仅规定了屈服强度，还规定了规定残余伸长应力、断后伸长率、断面收缩率等。

抗拉试验，就是夹住标准试样的两端，慢慢拉伸到断裂为止。无法保证试样和实物的一致，但只要是大企业生产，且进行了足够的质量管理，就不应有大的差异。特别是热处理过的，就不存在实物与试样不一致的担心。

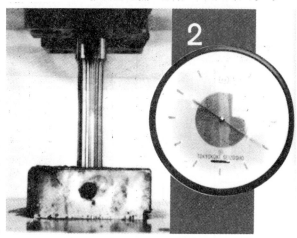

▲应力和载荷在一同上升

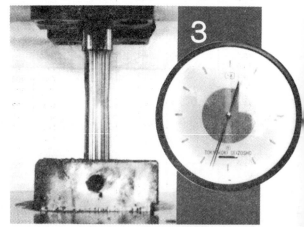

▲一过屈服点，应力就开始变小

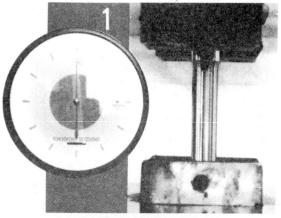

▲在拉伸试验机上安装试样

最后，介绍一下术语的意思：

●抗拉强度：拉伸力除以试样平行部位初始横截面面积的商，单位为 kgf/mm^2，一般省略掉 f 和 mm^2 只用 kg 表示。SS41 中的 41 就表示它的抗拉强度为 41kg ⊖ 。

●断后伸长率：试样断裂后的伸长量与初始长度的百分比（％）。

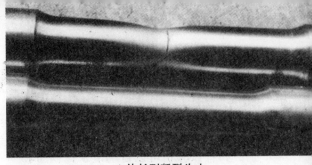

▲伸长到断裂为止

●屈服强度：在拉伸试验过程中，有一个应力突然下降，且在应力不变大的情况下试样还在变长的应力点。这个应力点就叫做屈服强度，用 kgf/mm^2 表示。一般省略 f 和 mm^2。对于金属材料，不应对其施加比它大的力。

●规定残余伸长强度：除软钢之外，其他物体的屈服点不明显。可用规定残余伸长应力表示。即：拉伸试验中，虽然消除了拉伸力，但试样已不能恢复原样，并保持0.2％的伸长量。用 kgf/mm^2 表示。因塑性变形达0.2％，这个材料已不可用，所以这是极限值。

●断面收缩率：即试样拉断后横截面积的最大缩减量（最初横截面与最小横截面之差）与试样原始横截面积的百分比（％）。

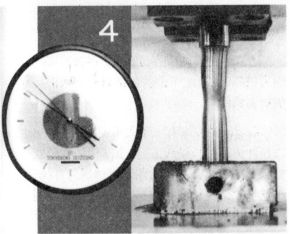

▲应力比最大载荷小

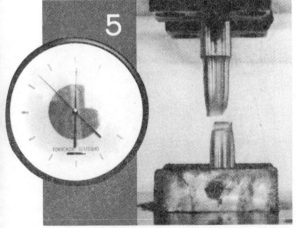

▲一旦断裂，应力表就为零

▲这是标准的断裂面

⊖抗拉强度单位及写法与我国不同，例如日本抗拉强度写法为41kg；我国采用的是国际单位制，其对应写法为 410MPa（或 $410N/mm^2$）。——译者注

应力—应变曲线

通过进行金属材料的拉伸试验可以知道，拉伸试验机可以自动记录拉伸力和与应力相对应的伸长量。把这个被自动记录下来的曲线就叫做应力曲线。有时叫做载荷与伸长量曲线，正确地说不是载荷，应该是应力。

载荷除以试样平行部的初始横截面积所得就是应力。伸长量直接可以叫做变形量。当然，它们的单位是不同的。不管是教科书还是金属材料的书或是技术资料，肯定有这个曲线。而这个曲线图，每个金属都不同，这是理所当然的。

在左下图的曲线中，曲线的右端即终点就是试样断裂处。右侧的长线说明到断裂为止其变形较充分。铸铁几乎没有伸长量，铜的伸长量就较大。而这个延伸到上方的曲线，说明必须加大拉伸力，试样才能伸长到侧边位置。换句话说，拉伸力小时几乎没有变形。下方的曲线向右延伸较长，说明在小拉伸力下其变形较充分。

这么一比较就很容易知道，钢材的抗拉能力最强。那么，下面就仔细看一下软钢材的应力曲线。

右下图的左端有一条大角度直线。这一段拉伸力和伸长量成正比，加2倍的力量就伸长2倍。所以，在应力曲线上体现为直线。把这个比例变化部分的上限点P就叫做比例极限。

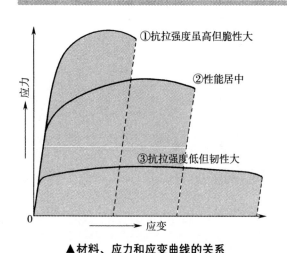

▲材料、应力和应变曲线的关系

▲软钢的应力—应变曲线图

38

比例极限的上部不远处就有弹性极限 E。这是卸去拉伸力试样就恢复原状的极限点。E点为止，只要卸去拉伸力，试样的变形就能完全恢复到原样。一般情况下比例极限和弹性极限很接近，实际上可以认为是一样的。

过了弹性极限继续拉伸，试样继续伸长，但此时即使卸掉拉伸力变形也恢复不了。虽然只是一定量，但已成为永久变形了。再到一个极限时，应力突然下降，而且试样快速伸长。这个极限点就叫做屈服点。随着拉伸力的逐步加大，试样也相应伸长，但应力却不变大。试样的伸长量超过拉伸力相应的量后，应力就下降。

软钢的屈服点很明显，而非铁金属和硬钢的屈服点就不明显。因此，以超出弹性极限卸去拉伸力后永久伸长量达到0.2%点

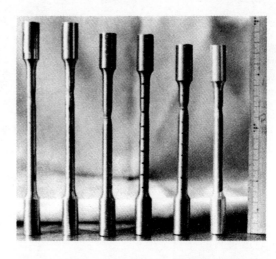

的应力代替屈服强度。用这种参数来衡量金属的使用性能，即: 应力超过屈服强度的金属不可用，伸长量达到0.2%的金属已不能满足使用要求。

拉伸超过屈服强度即规定残余伸长应力时试样还可以伸长，且拉伸力达到最大点（M），就是抗拉强度。过了这个点之后试样就会断裂。这个抗拉强度点和断裂点随着金属的变化而变化。

典型的应力曲线的例子见左下图。图中带颜色部分的面积，表示为这个金属拉伸到断裂为止所做的功。在很小的拉伸力下伸长量却很大的材料，说明它有延展性（见第48页）；而在很大的拉伸力下还不伸长的材料，说明它有脆性。居这中间，即耐力又有一定的伸长量的，就是有韧性的材料。

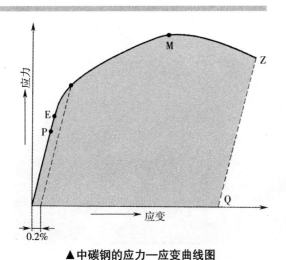

▲中碳钢的应力—应变曲线图

39

弯曲试验

如同文字，是指与弯曲相关的试验。它是通过弯曲材料，检查其弯曲部位外侧的伤痕，主要检查是否产生了裂伤的试验。材料不允许产生裂伤。

如同拉伸试验，弯曲试验按材料的棒材、板材、型钢、薄板等形状或不同材质的区分，有规定好的1~5号试样。而且，在金属材料标准里还有弯曲角度或内侧半径等参数。当然，标准里有这种参数，是说明这种材料可以把它作为使用条件对其进行弯曲操作。

弯曲方法里也有压弯法、盘绕法、V形铁法等。还有，弯曲半径极小的接触法，适用于薄板的试验。

试验机可以用拉伸试验机代用，只是载荷的施加方向相反而已。说是代用，只是在万能试验机上用弯曲试验用的设备代替夹盘而已。

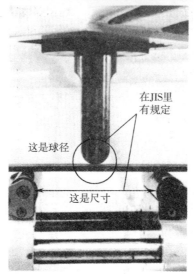

在JIS里有规定

这是球径

这是尺寸

▲压弯法弯曲试验

主要用于板材的试验，并且在实际工作中用来试验焊接部位。使用JIS试样的是原材料厂家。

▲前面是板材，后面是焊接板。经试验，两者均无异常

冲击试验

从文字上即可知道，是检测耐冲击强度的试验。利用试验设备冲断试样，并根据试样被冲断时所吸收的能量来检测材料的抵抗冲击破坏的能力，即检测材料的脆性及韧性。

承受冲击的能力越强，其数值就越大，这是常识。对这个承受能力JIS有3种表示方法。而日本的90％的冲击试验机为夏比冲击试验机，所以在材料的JIS标准里冲击试验项目都需用夏比冲击试验机。这个夏比还可分为夏比吸收功和夏比冲击值两种。

国外标准大多使用夏比吸收功，所以，日本的新标准使用这个，而旧标准适用夏比冲击值，有点乱。

那么，什么是吸收功呢？用一定重量的摆锤，从规定的高度冲击试样，试样被冲断时所吸收的能量就是吸收功。它的大小按摆锤冲断试样后靠惯性所达到的高度来计算。

还有一种艾氏冲击试验机，它的试样及试验方法不同于夏比试验机，在日本很少使用。有人认为这种试验没有多大意义。因为，若试样没有开口，这种摆锤首先无法冲断试样，而在现实中机械的受冲击部位不仅没有开口，而且不全都像试样那么细。

▲夏比冲击试验机

▲试样需要开口（左）。没有开口无法冲断（右）

41

其他试验

压缩试验

这是与拉伸试验相反的试验。因被压缩时实际很少有被压坏的材料,所以连标准都没有。也就用于测量材料受到压缩力时发生镦粗变形的屈服点之类而已。

折断试验

像铸铁一样比较脆的材料,对其进行拉伸试验没有什么意义。因此,在近似弯曲试验中的压弯状态下把其压折。在 JIS 里有折断试验的试样标准,但是没有试验方法及试验机。

超硬合金(见第 160 页)的 JIS 标准里规定了折断力的标准及试验条件,但规定使用特别的试样。

疲劳试验

▲平面弯曲、扭转疲劳试验机

▲旋转弯曲疲劳试验机

金属也会疲劳。在上述的拉伸试验中,拉伸力是向一个方向连续施加的,若中途卸掉拉伸力,之后再施加拉伸力,其抗拉强度将高于持续施加拉伸力时的强度。若拉伸,卸力后再压缩,这时强度反而变低。

与上述现象有所不同,若对材料反复施加方向经常变化的载荷,材料将在比其抗拉强度及屈服强度低得多的点处被破坏,把这种破坏就叫做疲劳破坏。把线材在同一点处向相反方向反复弯曲,线材就会在这一点上发生断裂,这是众所周知的。

这个疲劳试验也有 JIS 标准。只是在各种预想到的重复载荷中,JIS 标准只规定了旋转弯曲疲劳和平面弯曲疲劳。

但是,有人认为这种试验在实际应用中也没有太大意义。因为,不把试样做小的话,试验机首先会疲劳。而且,疲劳强度与尺寸、形状没有比例关系。因此,最近一般趋向于进行实物试验。

埃里克森试验

薄板经常用于各种各样形状的成形,测试这种变形能力的试验就是埃里克森试验。与延展性试验相似。有关于0.1~2mm板材试验方法的JIS标准。把前端为球的冲头压入板材里,直至板材出现裂纹为止,此时把冲头的移动距离就叫做埃里克森值。

柯尼卡试验

与埃里克森试验相似的有关薄钢板(0.5~1.6mm)的试验。所谓柯尼卡杯就是圆锥形杯。用冲头、凹模和压力机成形圆锥形杯,把冲头压到头部破裂为止。用此时杯子的上部即开口侧的直径来表示。

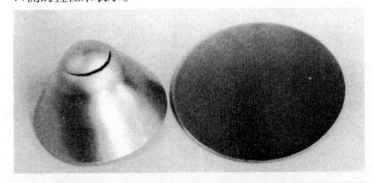

蠕变试验

材料在高温下受到持续的力,即使是低载荷,也逐渐产生塑性变形,把这种现象叫做蠕变。拉伸载荷下的蠕变试验,即拉伸蠕变破裂试验有JIS标准。这个试验对于耐热材料来说是有必要的。

无损检测

第36~43页，都是破坏试样（规定形状及尺寸）的试验。就是说，归根结底是对试样的试验，而不是对实物本身的试验。是在与实物材料同等条件下制造的材料制作试样，并对其进行了试验。因此，无法保证实物与试样的一致性。可能的话，最好按目标条件对实物进行试验。对小的、便宜的实物还可以，但对大的、昂贵的实物不可能一一试验到损坏为止。

因此，要在不破坏实物的前提下进行检查，预先确认其内部有无缺陷，这就是无损检测，而JIS标准把几种无损检测都叫做○○试验。

在拉伸试验等几种试验中，虽然用相同

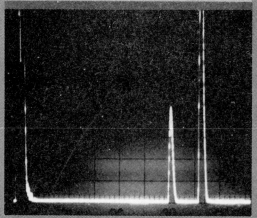

▲用反射波探内部伤

超音波探伤试验

▲用超声波探伤机定期检查火车的车轮轴

材料，但如果存在看不见的小伤或裂纹，材料的性能就下降很多。缺陷在内部也是如此。铸件或焊接部位无法保证没有气孔。无损检测就是检测实物内部有无缺陷的检查。

● 渗透探伤试验：往工件表面的小伤浸透荧光液或着色液，使其显像为可目视程度，然后发现其伤痕的试验方法。

● 超声波探伤试验：用周波数为0.4~15MHz的超声波对准金属时，若内部存在伤痕等缺陷，超声波将被反射回来。它是按这个超声波的强度、角度、波形来判断缺陷位置及状态的试验。

● 射线透过试验：这是对焊接部位投射X射线或γ射线，通过这个射线的成像来判断内部缺陷的试验。焊接部位或铸件内部若有气孔，因射线容易通过气孔处，所以在像片上以明暗差的形式表现出来。

● 磁粉探伤试验：用于钢铁材料等磁性体的试验。磁化材料后，表面附近若有裂纹，此处因磁束外漏，将吸附磁粉，通过这个原理可以发现缺陷部位。

放射线透过试验

RF-250EG

FFD 600

▲焊接部位的射线探伤试验。比较上部的4个级别的浓度和两侧的几条线来判别

塑性和弹性

用手指一摁粘土，凹进去的坑将保持变形状态，粘土恢复不了原样。棒状粘土被弯曲后，始终保持弯曲状态。而用手指摁下橡胶使其凹下去后，只要一抬起手指橡胶就会恢复原样，汽车、自行车的轮胎就属于这一类。

把这种不能恢复的变形就叫做塑性变形。"塑"字在字典里解释为"刮土、凿图"，有雕塑、塑像等词组。

与塑性变形相反，把像橡胶一样一卸力就恢复原样的变形叫做弹性变形。把橡胶套

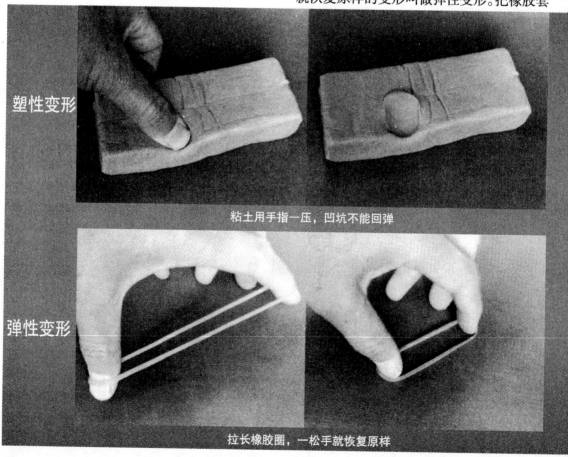

塑性变形

粘土用手指一压，凹坑不能回弹

弹性变形

拉长橡胶圈，一松手就恢复原样

46

拉长后再松开，它就恢复原样，就是这种变形。"弹"字的意思就是跳回。

金属材料也一样，受到各种力的时候就会变形。其变形有塑性变形和弹性变形。

在第38页的应力—应变曲线中的弹性极限，就是拉伸方向上的弹性变形的极限。再拉伸的话，伸长后不能恢复原样，这个不能恢复原样的伸长就是塑性变形。

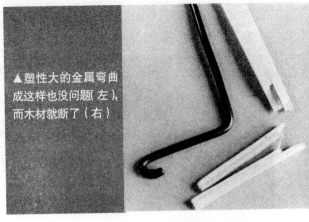

▲塑性大的金属弯曲成这样也没问题（左），而木材就断了（右）

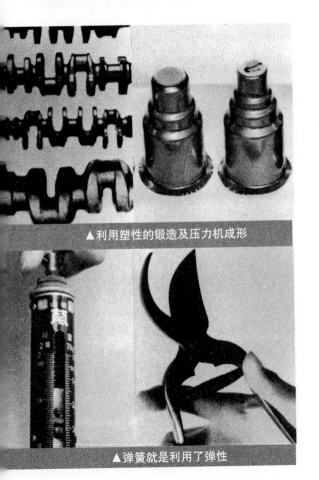

▲利用塑性的锻造及压力机成形

▲弹簧就是利用了弹性

有关塑性变形，在教科书中有按结晶说明的，较难理解。本书就不涉及这方面了。

一般认为粘土是塑性变形即塑性体的典型代表，但与其他物质相比，金属的塑性比较大。岩石不变形而易碎，木材也易弯易裂。塑料在常温下也如此。但金属因塑性大，可以进行各种塑性加工。较典型的有压延、拉拔、挤压加工（见第70~73页）。还有滚压、锻造（见第83页）、压力机弯曲、拉伸等，而其他原材料无法进行这种加工。

另一方面，利用第38页弹性极限内的弹性，可以制造弹簧这种弹性类的典型代表。只要在比例极限范围内使用，不存在像橡胶一样的老化现象。在疲劳强度（见第42页）之内，其弹性是永久的。

金属具有以上优越的性能。

展性·延性

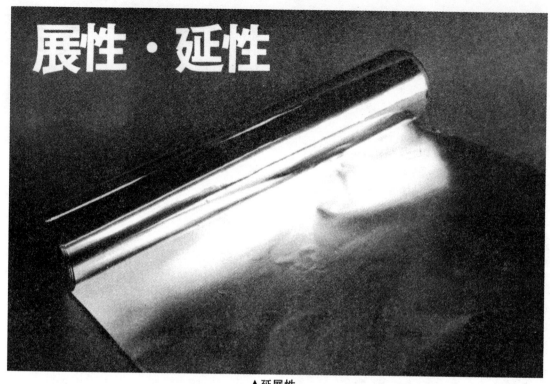

▲延展性

顾名思义,就是伸长(延字)和扩展(展字)的性能,属于第46页的塑性范畴。施加力量使物体发生塑性变形,只是其变形方式为变广(当然变薄),变长(当然变细)。

多亏了这个延展性,才有了薄板、锡箔,才有了细线。在一般的机械材料和机械加工范围内,只用塑性这一名词就已经足够,而特意提出延展性这个名词,是因为塑性变形

▲用黄铜制造的手枪子弹,是因为黄铜有很高的延展性,是深拉伸的典型制件

也好,板、箔、线也好,其变形比较大,所以有较大的利用价值的缘故。

不仅塑性变形,一般认为软的都容易变形,这不一定。所谓软,是指在小载荷下就产生变形。变形大时也有裂(损坏)的,如铅等。

所谓延展性,是否可以这样理解,变形大时,即变薄变广、变细变长,也不发生破碎、破裂的性能。

道理姑且不论,延展性大的金属不管怎么说还是以金和银为主,还有铜和铝。

工业上铜和铝被加工成箔,它也有JIS标准。特别是铝箔,利用范围非常广泛。板和

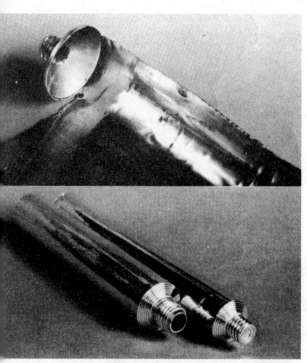

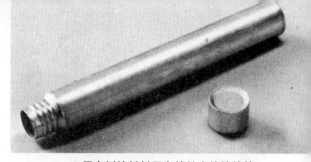

实际应用的有电子领域的配线（导线），如计算器的 IC（集成电路）导线为大约 0.03mm 的金线。因为它不仅电阻小，还不生锈，而且利用延性可以制造得很细。

延展性的另一个表现形式就是冲击压出加工。它既不像第73页那样加热，也不是用来成形什么原材料，而是用原材料制作出最终制品。

把圆形的板材放入模具内，再对它进行冲压。通过这个冲压，从模具和冲头的间隙向后压出薄形圆筒，就像装饮料的铝罐容器、管状容器等带底部，而且对直径来说相对细长的容器正被批量生产，现在使用铝是最多的。

冲击压出加工有像饮料容器一样带底容器的后部压出方式和管状容器的前后双面压出方式。

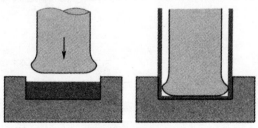

▲牙膏的铝管是冲击压出的，其出口、肩部和本体是一体的，本体的厚度为 1.1～1.3mm

箔的区别很难严密界定，一般把很薄的板叫做箔。就拿铝来说，现在可以批量生产薄到大约 0.006mm 的铝箔。

金和银从很早以前就开始通过手工用在衣服和装饰上。现在可以制造薄到大约 0.0001mm 的金箔。也可以制造很细的东西，

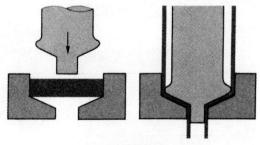

▲后部压出式

▲双面压出式

49

脆性和韧性

脆性和韧性似乎是相互对立的，但是与硬和软的关系不同。可以认为硬度越低就越软。一锤打就裂的金属是脆的，但不裂的金属不一定就有韧性。因为有的金属是硬而不裂，也有的金属是软而变形。

韧性是受到外力冲击而不易破坏（裂或折断）的性能。韧性与延展性不一样。软的材料不一定韧性大。在拉伸试验中伸长量大的材料其延展性不一定大。抗拉强度越大，似乎韧性就越大，但与冲击没有关系。

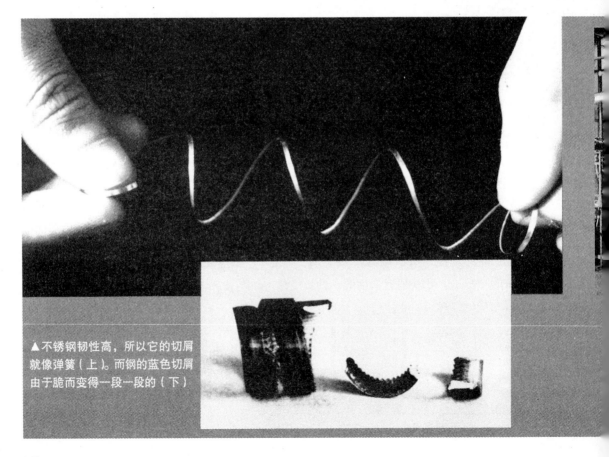

▲不锈钢韧性高，所以它的切屑就像弹簧（上）。而钢的蓝色切屑由于脆而变得一段一段的（下）

高速工具钢是先淬火使其变硬，后回火使其获得韧性，然而其硬度并没有下降。硬的既有韧性大的，也有脆性的，还有软而脆的。

冲击试验在一定程度上体现韧性的大

▲对低温下承受高压的部位来说，低温脆性是难点。冷冻机上低温压力容器就用碳素钢钢板

小。但是，为了使试样易折断，在试样上加了切口，所以还是不同。

与塑性、弹性也不同。既有想要塑性变形时就裂的，也有弹性大而韧性不一定大的。

看起来金属的各种性能之间相互关联，但又似是而非。例如，固定相同硬度及尺寸的金属棒的一端，对另一端施加力量使其弯曲时，在同等力量下既有折断的，也有弯曲的。即使折断的是脆的，但与抗弯强度的大小无关。锤打另一端时，弯曲和折断的关系也是如此。当然与韧性的大小无关。不能因为在小力量下被弯曲（即未折断）就认为它有韧性。

还有一个脆性问题。这是金属的普遍性能，即所谓低温脆性，就是在低温下变脆的性能。现在有能够适应这种条件的材料，就叫做低温压力容器用碳素钢钢板。

还有就是青热脆性。一般情况下钢在250℃左右时变脆，正好就是表面变蓝的温度。切削钢材时，变蓝的切屑只折不弯就是这个道理。

锈

不锈钢是不生锈的。这是为什么呢？并不是不锈钢不生锈，而是因为其表面形成的氧化膜，即一种很薄的锈很稳定而不发生变化的缘故。

铝也是如此。也就是说其表面形成了极薄的氧化膜，而这膜不仅极其细密、无色透明，而且它很牢固地覆着在金属本体上。

铬、镍等被用于表面镀膜的材料均是如此。

那么，标题所指的"锈"究竟是什么呢？这也是一种氧化膜。就拿铜来说，它是青绿色的，而这并不好看的颜色并不是金属本体的。

热轧的铁表面为茶红色，其道理也是如此。

虽然都叫氧化膜，但有的称为锈，有的不称为锈。其区别似乎就在于好看不好看。

而这个氧化膜，严密地说它是金属与氧等的化合物，并不是金属。而它与金属本身几乎一样，两者很难区分时，不把它称为锈而说它不生锈。

最成问题的是铁锈。铁锈通俗地讲可以分为黑铁锈与红铁锈。黑铁锈是 Fe_3O_4 氧化膜，即稳定又坚硬，紧密结合在本体上，起到保护铁的作用。但因为它并不好看，所以人们把它按锈对待。很早以前开始人类在兵器表面上人为地制造这种锈来保护铁。那么，是否不应把它当作锈呢？

红铁锈 Fe_2O_3 是一般称为锈的典型代表。首先，它的外观就很难看。不仅如此，这个锈不断侵入铁的内部。铁的氧化物，即铁和氧的化合物，这种化合反应始终不断。因此，本体的铁变得破烂不堪。

除了锈，还有一种化学变化称做腐蚀。之所以称做腐蚀，大概是因为这种化合物不仅与金属本体完全不同，而且把金属本体弄得破烂不堪的缘故吧。所以，有时把红铁锈称为腐蚀，有时把其他金属的腐蚀称为锈，这两者的区别不明确。

▲红铁锈不断渗透到铁的内部，把铁弄得破烂不堪

52

金属的晶体及其组织

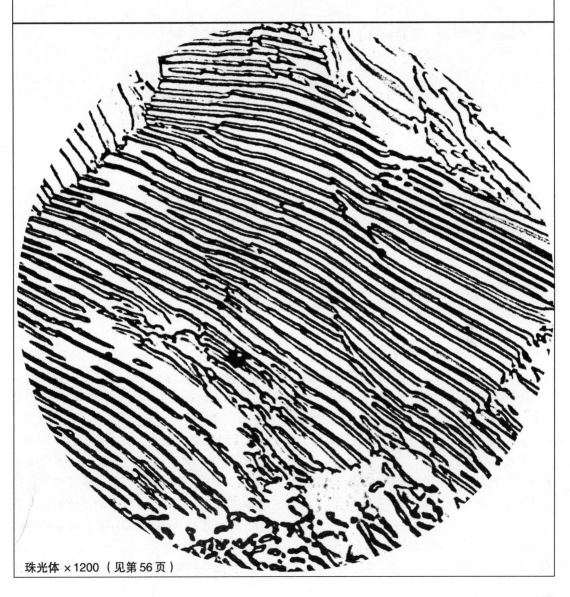

珠光体 ×1200 （见第56页）

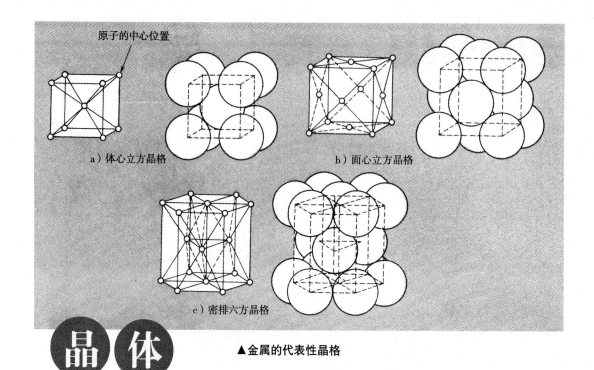

原子的中心位置

a）体心立方晶格

b）面心立方晶格

c）密排六方晶格

▲金属的代表性晶格

晶 体

一说起晶体，大家就会想起学校教科书上的描述，即：雪的六角形晶体是水分子因分子间的引力所形成的分子性晶体，钻石是碳原子按共有结合形成的共有结合性晶体等。

由分子或原子按一定规律规则排列而形成的物体称为晶体，而把这种排列结构称为晶格。看似简单固体块的金属也是金属晶体。常用金属大体可归纳为以下几种类型。

立方晶格系列：

●体心立方晶格——立方晶格的体心位置有一个原子，如：铬、α -Fe、δ -Fe、β -Ti、γ –U、钨等。

●面心立方晶格——立方晶格的面心位置各有一个原子，如：银、铝、金、铜、镍、铅、

γ -Fe 等。

六方晶格系列：

●密排六方晶格——如：铍、镉、镁、锌等。

白铁板（表面镀了锌的铁板即镀锌铁板）的表面有特殊的花纹。这是因为锌的一种特别大的晶体（单晶体）沿不同方向大量排布的缘故。

以上是关于纯金属的晶体，而合金内因含有其他金属，所以与纯金属晶体有所不同。合金中的其他元素有时形成与母体金属不同的晶体，会与母体金属的晶体相互夹杂在一起，但大多数以固溶体或金属化合物的形式存在。

在这里说明一下"固溶"这一不怎么熟

▲方砂糖完全溶在水里，但并不是水和方砂糖起了化学反应，这种状态称做固溶

悉的金属特有的用语。盐或砂糖一旦溶进水中，一般状态下无法区分两者。在金属中溶进其他物质，例如碳完全溶进铁中的状态被称为固溶。而上面的图片只是用溶液来形容固溶而已。

金属的固溶，既有液体，也有固体。形成均质的固体称为固溶体。把这个按金属晶体来解释，就是合金元素进入了母体金属的晶格中。根据进入方式，可以分成置换型和间隙型。所谓置换型是指母体金属的原子和合金元素的原子相互换位，而间隙型是指合金元素的原子挤进母体原子之间的间隙中。

黄铜和青铜等就是置换固溶体，碳素钢就是置换固溶体。

有"析出"这个词。固溶到铁中的碳的数量随着温度而变化。固溶了大约质量分数为3％碳的铁液，因在铸型内不断变凉，因碳不能全部固溶在铁里，所以有一部分将变成石墨分离出来，把这种现象叫做析出。这就是铸铁。石墨就是碳的密排六方晶格晶体。

体心立方晶格的金属与面心立方晶格的金属相比，以熔点高的居多，而延展性较差。面心立方晶格的金属延展性虽高，但强度不足。密排六方晶格的金属不仅延展性差，韧性也差。

55

▲奥氏体 ×100

▲球状渗碳体 ×500

▲珠光体 ×100

组织

　　不论是钢、铜合金、铝合金，还是其他金属材料，只要磨平其表面，并用与每种金属相对应的不同药品进行轻微腐蚀，然后使用金属显微镜观察这个表面，就可以看到各种不同的组织。

　　这个组织随着金属的化学成分或热处理状态的变化而变化。化学成分不同，其组织当然不同。但在化学成分相同，即在同一种碳素钢的情况下，淬火的和没有淬火的组织也不同。

　　组织，有社会内的组织、人间的组织、设备装置的组织等很多种。一般把金属的组织就叫做金属组织。但在与金属相关的书中，不必特意说金属组织，而只说组织就可以了。

　　在这本书中没有必要详细地说明金属组织，只要知道有这一回事就可以了。但是，随着这个组织的变化，硬度、韧性、耐磨性等金属的各种性能就会发生变化，所以它非常重要。淬火、回火等热处理就是有意识地改变金属的组织，用来提高金属的硬度或提高韧性。

　　在组织的话题里，经常出现广义的铁。这是由于随着铁和碳的比例及热处理的变化，其组织也发生不同的变化的缘故。在这里简单列举一下其组织。这些将在第86~134页中经常出现。

●铁素体：这是在体心立方晶格的 α-Fe 中固溶了其他元素。碳（C）可以固溶到质量分数为0.02%左右。铁素体既软（$H_B90~H_B100$）又有延展性，其抗拉强度约为30kg。

●奥氏体：这是在面心立方晶格的 γ-Fe 中固溶了其他元素，它只存在于高温（727℃以上时才能固溶碳），常温下不存在。碳可以固溶到质量分数为2.1%左右。18-8不锈钢及高锰钢在常温下也很稳定，既软又有韧性。

●渗碳体：这是铁和碳的化合物（碳化物），用Fe_3C表示。它的硬度非常高，达到$H_V1100~H_V1200$。改变其形态及分布，对提高钢的强度

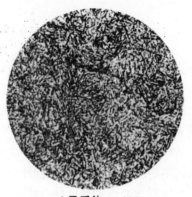

▲马氏体 ×100

▲淬火托氏体 ×1200

▲淬火索氏体 ×300

起到很大作用。随着含碳量及热处理的不同变化，将变成板条状、球状和网状等。碳素工具钢就是通过把渗碳体的形状改变为球状，从而提高其硬度的。

●珠光体：冷却奥氏体，因无法固溶碳，碳就被析出来，变成稳定的 γ-Fe 和碳化物（渗碳体），这就是珠光体。把铁素体和板条状的渗碳体相互重叠在一起的层状组织称为珠光体。

●石墨：因为碳以六方晶格的晶体状态存在，所以极其稳定。铸铁在高温下的液体状态时可固溶很多碳，一旦被冷却下来，不能固溶的碳就以石墨的形态被析出来。

●马氏体：把钢从能够固溶大量碳的奥氏体温度急剧冷却时，只有晶格由面心立方晶格的 γ-Fe 变成体心立方晶格的 α-Fe，而碳因没有时间被析出，处于过饱和的固溶状态，这就是马氏体。马氏体在钢的组织里是最硬的（HB720），而且脆。钢的淬火，就是进行这个操作。而 13Cr 不锈钢在自然状态下就是马氏体组织。

●托氏体：这是铁素体和细小的渗碳体夹杂的组织。就如采用油淬火钢，以比较慢的速度进行冷却或把马氏体在 300~400℃ 温度下进行回火时产生的组织，分别叫做淬火托氏体和回火托氏体。托氏体比马氏体软且韧性也好。

●索氏体：这也是铁素体和细小渗碳体夹杂的组织。按一定的速度进行冷却时，因没有渗碳体层状析出后变成珠光体的时间，从而形成了渗碳体的集合。或在 500~600℃ 的温度下对马氏体进行回火后也可以得到它。它比托氏体还软还有韧性，因此弹簧就用这种组织的钢制造。

●贝氏体：这是把钢从奥氏体的状态急冷到 150~550℃，并保持在这个温度时形成的组织。在高温侧形成的称为上贝氏体，在低温侧形成的称为下贝氏体。

这是细小渗碳体分散在铁素体内的组织，与淬火马氏体相似，硬度也与马氏体相近。

热处理

▲齿轮的热处理炉

为了让金属材料获得所希望的性质而对其进行的加热或冷却的各种组合叫做热处理。所谓热处理就是改变金属的组织。

热处理类型主要有淬火、退火、回火、正火这4种方式。

●淬火：简单地说就是把材料加热后急冷却，使其变硬的处理方法。从前的日本刀的制造工艺里就有它。当然，并不是什么都加热后冷却就好。各种不同的材料（成分）有相对应的加热温度、保温时间和冷却方式。

就拿最普通的钢来说，就是由奥氏体化温度，使其变成马氏体组织，从而获得高硬度的操作。所谓淬火，就是强迫性地使其变成所需组织的方式。

●退火：这是把加热后的材料慢慢冷却，从而使其变软或消除其残留应力（见第65页）的热处理方式。这当然也有加热温度、保温时间及冷却方式等。

硬的不能切削的材料，通过退火就可以进行切削。随着切削就变形的铸锻件，通过退火也可以消除这一问题。因此，它是很重要的一种处理方式。

●回火：只进行淬火处理，就会变成硬而脆，因残留应力而产生变形等问题。为了解决这种问题，才进行回火处理，即：对淬火后的材料组织进行变态或析出，可以得到稳定的组织。为了得到这种组织，而对其加热

▲原子炉压力容器的水淬

到一定温度，然后冷却的操作方式，称为回火。

以高速工具钢为代表的工具钢，就是通过回火方式在不降低其硬度的情况下提高其韧性的。

●**正火：**将工件加热到奥氏体化后，在空气中冷却的操作方式，称为正火。通过正火，工件的组织将变成较细的铁素体组织或渗碳体和珠光体夹杂的组织，从而改善其力学性能，消除影响其加工的因素，提高其韧性。

除此之外，钢的热处理中还有马氏体法、奥氏体法、固溶热处理、析出硬化处理。

固溶热处理

母体金属内合金元素的固溶量随着温度的提高而提高。因此，加热到某一温度以上时，低温时被析出的合金元素或化合物就固溶越多。当它急冷时，一般理应被析出的物质却被固溶在母体金属内。把这种强行固溶合金元素的处理方法叫做固溶处理。不锈钢的奥氏体组织也是固溶处理的结果，在JIS里规定了其力学性能。它就是因为阻止了质量分数为0.1%的碳并以碳化物$Cr_{22}C_6$的形式被析出，所以具有防腐性能。碳在800℃以上时急速固溶，在1000℃以上时其固溶量大约为质量分数0.1%。因此，JIS规定了在1000℃左右温度下对其进行固溶热处理。

对非铁金属（以铝合金为主）进行这种固溶化热处理，叫做溶体热处理。在铝合金和铸铝的JIS里，把溶体热处理叫做淬火。

析出硬化处理

这是指人工进行时效硬化（见第64页）的方式。不锈钢的600系，铝合金的2000系、6000系、7000系以及含铝铸铁等都可按JIS标准进行这种处理。

析出硬化处理就是把温度提高到一定程度后再进行冷却，这也是一种热处理方式。在与铝相关的JIS里把它叫做回火。

辅助冷处理

就是把淬火过的金属急速冷却到0℃以下，这时，残留的奥氏体将变成马氏体，其硬度变得更高，也有防止时效变形的效果。一般认为-80℃左右是适合温度。

表面硬化

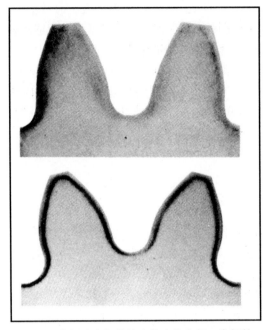

▲上图为高频感应加热淬火的齿轮齿部，齿部整体均是硬的

下图为渗碳淬火的齿轮齿部，只有齿表面是硬的

▲齿轮的高频感应加热,只有齿的部位被加热而变白

淬火(第58页)是为了提高整体硬度而进行的热处理。但有很多只要求表面硬而内部软的机械零件。日本刀也是为了达到刃部硬而中心部软(且有韧性)的目的才锻接了不同的材料。钢铁就有以此效果为目的的操作方法，叫做表面硬化。

表面硬化有以下几种。

●高频淬火

把工件放进高频线圈内并接通高频电流，此时工件内就产生诱导电流。而高频电流只集中在工件的表面，所以只有工件的表面被加热。按这种方式加热并淬火的方法叫做高频感应加热淬火。

●火焰淬火

这是指采用氧气、乙炔等气体的火焰进行加热的淬火方法。

●渗碳淬火

为达到只增加钢表面含碳量的目的,把工件放进渗碳剂内进行加热渗碳和淬火的方法。用作渗碳剂的有木炭、焦炭等固体渗碳剂及氰酸钾等液体渗碳剂和一氧化碳等气体渗碳剂。

在这种渗碳剂里进行加热，碳元素就渗入到钢的表面内，只使钢的表面变成高碳钢。渗碳淬火层可达到以毫米为单位的深度。

▲新干线电车的车轮只对接触面进行了高频感应加热淬火

● 氮化

　　向钢的表面渗入氮元素的方法叫做氮化。有通过分解氨气进行的气体氮化和通过氰酸进行的液体氮化。

　　这种方法的优点是只需加热而不需要淬火、回火，而且，因加热温度比渗碳低，所以不产生工件变形。而处理时间长是它的缺点。通过氮化可以得到1mm以下的硬化层。

　　软氮化（氮碳共渗）就是使用以氰酸盐（KCNO）为主要成分的盐浴剂的方法，得到的硬度虽然不太高，但处理时间短是它的优点。

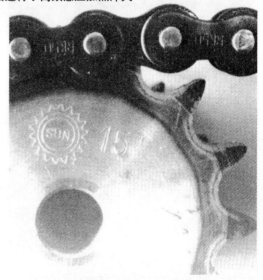

▲高频感应加热淬火后的链轮周边

61

加工硬化

金属通过机械加工（压延、拉拔、锻造）后，硬度及抗拉强度增加，而延伸性变差也变脆，通俗地讲就是硬度变高。这种现象叫做加工硬化。

因机械加工，导致材料变形，使材料的晶格发生畸变。由于这种晶格畸变的抵抗作用，造成材料变形困难。

与硬化有关联的就是结晶温度。随着温度的上升，原子的运动也越来越活跃，加工变形引起的晶格畸变逐渐消失，形成新的晶格，把这种现象叫做重结晶。开始重结晶的温度叫做重结晶温度。一经重结晶，原本变得很高的力学性能就会恢复到变形前的初始状态。所以，回火就是把工件加热到这个重结晶温度为止。

还有像铅一样重结晶温度低的金属，因加工硬化开始的同时就开始了重结晶，所以不会产生加工硬化。

这个加工硬化用在金属材料，特别是用在不锈钢钢板、铝板等不能进行热处理的板材上，通过机械加工（见第70页）获得加工硬化，从而提高其强度。代号为A1050D的纯铝板在 JIS 上按其特性分为 O,H12,H22,H14,…。其中，O代表回火过（重结晶过）的铝板，H代表通过压延得到加工硬化的铝板。

第一位数字代表：

1. 只进行了加工硬化。

2. 加工硬化后进行了部分回火。

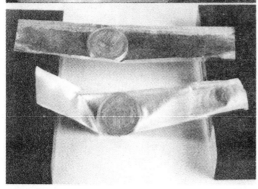

▲铝箔（A1N30–H8）通过压延得到了加工硬化，但一经回火就如同上图……

3. 加工硬化后进行了稳定化处理。

第二位数字代表：

2 1/4 硬质。

4 1/2 硬质。

6 3/4 硬质。

7 硬质。

8 超硬质。

还有，以钢琴线为代表的各种线材的细线都是通过冷拔（见第72页）这一机械加工制造出来的，所以均得到了加工硬化。也就是说，是通过加工硬化提高了它们的抗拉强度。因此，线越细，其所受的机械加工变形就越大，抗拉强度也就越大。

有容易引起加工硬化的金属，也有不容易引起加工硬化的金属。有一种钢叫做高锰钢，它通过机械加工后的硬度可以达到$H_B200\sim H_B550$左右。利用这个特点的就是铁路钢轨，它经过铸造、水冷处理、机械加工，随着车辆在铁轨上面通过，被车轮压和在各种载荷下不断的被加工硬化，所以它非常结

▲日本自卫队的钢盔是用高锰钢进行冲压加工而成的，因加工硬化变得坚固

▲铁路钢轨的光亮面不仅被车轮压，而且受到各种载荷，所以不断得到加工硬化

实。

钢盔是用高锰钢进行冷冲压而成形的，通过冲压它的表面得到了加工硬化。

切削加工也可引起加工硬化。稍微有一点钝的车刀，比如切刀，为防止车刀折断，减小其进给量时，刀头在切口内被切削材料顶住，只滑刀而不切削材料，而切口根部却变得很亮，切刀的两个侧面刃口也发生同样的现象，这就是加工硬化。

不锈钢不好进行切削加工。这是因为它的材质粘，而且加工时容易引起加工硬化的缘故。减小进给量，就等于是在切削加工硬化的部分，所以切削刃易受损伤。因此，加大进给量，直至把刃口切进没有发生加工硬化的部位为止是加工不锈钢的原则。

用卡盘夹住加工表面时，为防止加工件的表面受损，在卡盘夹头与加工件表面之间垫一层软铜片。而这个很软的铜片不仅受压，而且在工件对中时受到拧劲将产生加工硬化，当其耐不住变形时将发生开裂现象。

63

时效硬化

金属也有时效现象。金属的时效现象是指金属材料随着时间的流逝而发生变化。金属的硬度随着时间的变化而提高，就是时效硬化。时效现象不仅仅指硬化。硬度和强度是金属材料最突出的特点，所以我们所说的时效现象指的就是硬化现象。

由于发现了时效硬化现象，从前才有了硬铝(飞机合金)的发明。硬铝这种合金在这里指的是铝合金 2000 系列。这个发明很伟大。

时效硬化可以这样理解，合金在热处理时理应被析出的合金元素，因急冷没被析出来，而是被强行溶在合金里，这就是固溶热处理。固溶热处理过的合金处于不稳定的状态，其内部的合金元素一有机会就要析出来，试图恢复稳定状态。而且随着时间的流逝，合金元素一点一点地被析出来，这样合金晶格之间的相对滑动将变得越来越困难，即合金的硬度越

来越高。从以上过程来看，时效硬化可以叫做析出硬化。

在常温下进行的这种时效硬化就是常温时效硬化。人为地提高温度，加速溶在合金里的元素原子的运动，从而加快时效硬化的方法，就是人工时效硬化。这个人工时效硬化也叫做析出硬化处理（见第 58 页）。

铝合金（见第 144 页）及其铸件（见第 146 页）在 JIS 里有相关标准。T4 表示淬火后进行过常温时效硬化(20℃下约 1 个月)，T5、T6 表示回火处理（析出硬化）过。

不锈钢（见第 116 页）的600 系列叫做析出硬化系，是进行过析出硬化处理的钢。

作为与时效相似的用语，有经年变化和经时变化。这与时效硬化一样，也是指随着时间的流逝而发生的材料变化，但与硬化相反，大体是指不好的变化，即性能的劣化。

残留应力

浇注到铸型内的金属溶液变凉变硬,其中细的部位、薄的部位很快冷却,最后形成结晶。

还有即使是同一个部位,因外侧冷却快而内部冷却慢,所以内外侧的温度是不同的。较晚固化的内部因冷却而收缩,但由于外部已经固化,所以内部将受到外部的拉力。因铸件内部的各个部位都存在这种现象,所以铸件的外侧残留着压缩力,内侧残留着拉力。

淬火也好,焊接也好,均存在这种现象。

工件经过某种加工或热处理后,外部虽未施加力量,但内部还残留着应力,把这种力就叫残留应力或内应力。

切削铸件的角部余量,有时就会发生探出来的部位往两侧张开的现象,在残留应力的平衡下保持着的铸件的形状,因为切削引起了残留应力的不平衡,所以才发生了上述变化。

因为存在这种现象,所以铸件应提前进行自然时效处理,即在常温下放置一定的时间,通过内部原子的流动,达到内应力平衡的状态。

为了消除应力,我们人为地进行这种时效处理,而这种热处理就是回火。

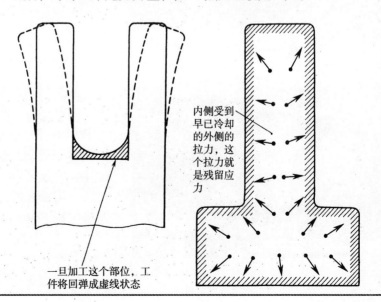

一旦加工这个部位,工件将回弹成虚线状态

内侧受到早已冷却的外侧的拉力,这个拉力就是残留应力

表面处理

▲炼钢厂里的连续镀锌设备

把金属表面处理成与金属内部的性质不同，这种处理方式就叫做表面处理。而这种与内部不同的性质，有着各种不同的目的，其中以使物体变得好看或不生锈的目的为最多。

这种表面处理有镀膜、金属喷镀、化学转化膜技术等常用的方法。古代制造大佛时就已镀上了金。先往大佛身上涂上溶在水银里的金水，然后通过加热把水银蒸发掉，最后大佛身上就留下了金。这个操作就是镀膜，也叫镀金。

镀膜分为电镀和热浸镀。

在电解液中把欲镀金属作为阳极，把待镀金属零件作为阴极，接通直流电，在直流电场的作用下，电解阳极所形成的金属离子通过电解液附着在阴极（金属零件）上形成镀膜，这种工艺称为电镀。

将金属零件浸入熔融的金属液体中，经过一段时间后取出，使其表面形成熔融金属的覆盖层，这种工艺称为热浸镀。

那么，用于镀膜的金属有哪些呢？既然镀膜的目的有美观和防锈，那么这种金属就应该是美观的或不生锈的。这种金属一般有：

用于美观的金属：金、银、铬。

用于耐腐蚀的金属：锌、锡、镍、铜、铬。

还有，在工业上常使用镀铬工艺来提高零件的耐磨性，如：辊子、模具或印刷用铅字、凸版等。

▶具备耐磨和美观两个功能的镀铬膜

热浸工艺主要用于镀锌。一般叫做白铁皮的镀锌板是连续使铁板通过熔融的锌液体，之后用滚轮挤压而制成的。还有，镀锡铁皮是铁板经锡的热浸工艺而制成的。

▶18L 铁罐是用镀锡板制成的

热浸工艺还有一种方式应用很广，与白铁皮和锡铁皮的制作过程不同，不是使铁皮连续通过熔融的金属液体，而是浸泡待镀物品使其形成镀膜。这种工艺特别是在镀锌领域应用较广泛。

所谓金属喷镀法，就是把熔融的金属雾化后喷射到待镀物体上，使其表面形成镀膜的工艺方法，广泛使用在低熔点的锌和铝的领域。就是连续供给细线或粉末状的金属，用电弧或燃气加热使其溶化后，用高压气体吹覆在工件上的工艺。

众所周知，在化学转化膜技术里，有平常叫做发黑（发蓝）的工艺方法用在钢铁领域。JIS里也规定对内六角螺栓、六角螺钉及其所用工具内六角扳手，需实施这种发黑（发蓝）（磷酸盐薄膜或钢铁氧化膜工艺），其化学变化在此予以省略。

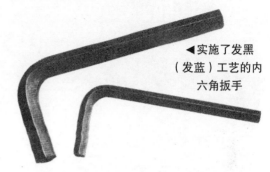

◀实施了发黑（发蓝）工艺的内六角扳手

磷酸盐薄膜不仅可起防锈作用，而且由于它有吸油、存油功能，所以在后续进行冲压加工时还能起到润滑作用。

铝有叫做防蚀铝加工的表面处理方法。例如，对厨房里的锅、热水壶、铝合金门窗及作为机械零件的铝铸件等都进行防蚀铝加工。这种防蚀铝的表面硬度非常高。

▲实施了防蚀铝加工的锅

有时对铁制品还实施搪瓷、玻璃衬里（不属于金属）等表面处理，主要应用于化学领域的用品上。市场上销售的表面实施了搪瓷处理的铸铁浴盆即为一例。

从广义上来讲，涂漆也属于表面处理。

▲加大进给量是切削铸铁上黑皮的原则

黑皮

与机械加工相关，有一种物质叫做黑皮，而且人们经常说要注意黑皮加工。

黑皮有很多种类：

例如，砂型铸件，虽说是铸铁，但因铸型砂的缘故它是黑色的。这个铸件的黑皮是因铁液冷却过快，产生冷硬化（见第134页）现象而形成的。它的硬度很高。有时其上还带着铸型砂。当刀具的前部划过它时，刀具就会损坏。所以说加大进给量是切削铸件黑皮的常识。

棒钢也分磨棒和黑皮棒。这个黑皮是在热轧时形成的氧化膜，它与铸件的黑皮是不同的。但它比内部金属硬，加大进给量也是去除它的常识。

与热轧黑皮相同的还有热锻零件的黑皮。热加工时形成的黑皮严格来讲不是金属铁，而是与铁不同的化合物。它具有一定的硬度及深度，且表面凸凹不平，因此加工它时需要多加注意。

68

金属材料的形状及其成形方法

薄板的热轧加工（见第70页）

压延加工（轧制）

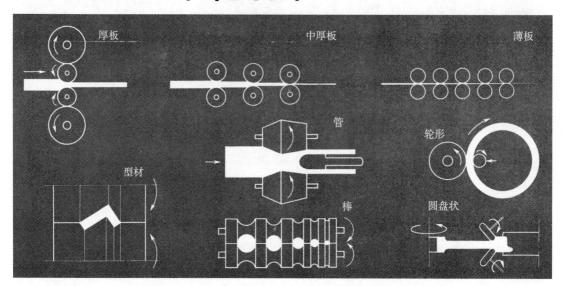

厚板　　　中厚板　　　薄板　　　管　　　轮形　　　型材　　　棒　　　圆盘状

　　压延的"压"是压力的压，是指用力压，而"延"是指伸长。压延就是施加强力，使金属延长的加工方法。

　　金属通过旋转方向相反的两个辊轮之间时受到挤压力，而这个压力是在保证最初金属的厚度大于两个辊轮之间的间隙时才能受到。把金属送入相互内旋的辊轮之间，靠金属与辊轮之间的摩擦力衔进金属的同时，不断使金属的尺寸变小或改变形状。当然，与原尺寸相比肯定变长了。在同等体积之下，当截面积变小时长度只能变长。所以，压延也属于第46页的塑性变形。

　　先把金属加热，再进行压延的方法就叫做热轧加工。这是由于金属一般在受热的情况下较软，不产生加工硬化（见第62页）的

缘故。仅仅加热是不够的，尤其是钢，如果温度不达到 A_3 相变点以上，那么奥氏体组织中就会夹杂着铁素体组织，从而留下各种隐患。

　　与热轧相对应，还有叫做冷轧的加工工艺。它不加热金属，而在常温下进行压延加工。虽然有"冷"字，但不是说故意降低金属温度，而只是指不加热而已。但压延是使金属产生塑性变形，因其自身也会发热，所以金属温度变得相当高。高速进行这种塑性变形所产生的热量可以补偿金属的冷却，因此，热轧加工大概只需加热一次就可以了。

　　热轧加工不仅存在原材料的加热、辊轮水的冷却等产生不均质的要素，而且还会因高温形成表面氧化膜。热轧工艺（包括锻造）

▲厚板的热轧加工（新日本制铁提供）

▲铁道用车轮的圆板压延加工

▲薄板的冷轧加工（新日本制铁提供）

又称为缩尺，之后的机械加工又称为去黑皮，即去除红铁锈 Fe_2O_3。

冷轧加工一般用于制造薄板或箔，由于金属表面没有形成氧化膜，所以可以制造出有光泽的洁净的表面。冷轧加工用的原材料是热轧出的卷板。

以生产量最多的铁来讲，几乎都是热轧加工的制品，如：板、带、棒、条、型钢。还有特殊形状的钢，如：工字钢、钢轨等。

板、带钢等可以用宽幅的平辊轮轧制，而特殊形状的钢需使用适合其截面形状的特殊辊轮。特种轧制有环状、圆板状制品的轧制。如：铁路车辆的车轮、轮箍及与此相仿的物品。

冷拔加工（拉拔）

▲冷拔模具的一种

压延加工是靠两个相对着的辊轮的旋转来送进原料，而冷拔加工是先把前端加工成很细的原材料送进模具的小孔内，然后从对面强行拉拔材料。通过这种方式把原材料加工成所需要形状（圆形、六角形、四角形等）和尺寸的制品。

冷拔加工属于冷加工，能成形棒材、条状材、线材和管材。只是成形管材时，除了模具（成形外侧形状）外，还需要加型芯来成形内侧形状。

冷拔加工用模具的断面图如下图所示。图中称作引桥的部位就是冷拔加工的主要对象。颈部将决定制件的尺寸和表面粗糙度。通过这种模具冷拔出来的制品，其截面面积必定小于加工前的截面面积，把这个面积的比例称为减面率。这个减面率和模具的引桥部位角度、拉拔速度根据原材料材质和所需效率的变化，在一定的范围内有各种不同的组合。

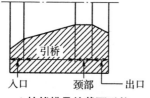

▲拉拔模具的截面形状

▲通过冷拔加工制造无缝钢管。（上）这是型芯；（中）把这个型芯放入经热挤加工制造的钢管内；（下）这是冷拔加工的结束部分。材料通过模具和型芯不断被拉拔到对面

用实心原材料进行冷拔加工时，周边的材料将向后移动变形。而抗拉强度、硬度、伸长率等力学性能随着减面率的变化而变化。即拉拔量越大，其性能就越强。而且，硬度内侧比外表面最高，外表面稍软，中心部位更软。拉拔成六角形、四角形时，因角部的变形量最大，所以角部周边硬度最高。

挤压加工

▲铝毛坯

挤压加工与冷拔加工正好相反，把加热后的原材料（毛坯）放入筒形容器中，在出口处放置模具，然后从后部加压推动毛坯，从而制造出截面形状与模具相同的制品，这属于热加工。

挤压成形的制品有棒材、管材和异型材。而这个挤压加工用原材料和制品的截面面积之差非常大，是冷拔加工无法与之相比。因此，把粗而短的原材料挤压加工成细长的零件，有必要对原材料加热使其变软。

挤压加工棒材主要应用于塑性大的非铁金属，如：铜、铜合金、铝、铝合金、镁等。制造管材需用这些金属中含铅的材料。用钢材制造异型材即为特殊型钢。

虽然不是日常机械加工用的材料，挤压加工制品的代表是铝合金门窗。用这种加工工艺可以一次成形出复杂截面的制品。

挤压加工的特点是除了出口处的模具孔

▲卧式挤压机

部之外，原材料均在封闭空间内受到强压。因此，用像含铅的快速加工用黄铜（见第138页）这种很软的棒料和像18-8不锈钢（见第116页）一样易裂的材料均可以制造出无缝钢管。

▲挤压成形的铝合金门窗材料

▲用左侧的毛坯制造了中间的管材，右侧为余料

73

板的种类（板、带、条、箔）

本页的标题来自于JIS用语。所以先说明一下这些用语。

通常在钢铁前面加一个钢字，称为○○钢板，××钢带。板以平板状，带以卷状形式被提供。在非铁金属中，也有板和条，同样板是平板状，条是卷状。板指的是幅宽长度短的，带和条指的是幅窄长度长而且没有太厚的，这是一般的常识。

制造方法当然采用压延加工（第70页）。钢铁制品出厂时一般均标明它是热轧的还是冷轧的。在本书中没有这种规格标示，但可根据其表面状态进行判断。需要机械加工的板材以热轧板即带黑皮（氧化皮）的厚板为主。薄板一般是冷轧的，用于冲压加工或钣金加工。

非铁金属如同钢铁，虽说是带状、条状

▲核反应堆用的压力容器用的板很厚

材料，但以卷板形式提供到现场的几乎是连续冲压的制品，一般被剪切成小块料后提供给机械工厂。

钢铁也好非铁金属也好，这些板状、带状、条状等所有材料，按其不同规格详细规定了厚度、宽度、长度等尺寸，但这些与本书的读者也没有太大的关系。

还有，如本页标题的用语只是JIS用语，它只与原材料和采购相关的部门有关，而与其他部门似乎没有太大的关系，只要用一个"板"字通用就可以了。JIS用SS、SB、SM、SPC、SPH等代号记述了以机械加工条件为主的各种性能，以便于人们掌握。我认为这比用语更重要。

箔比板薄得多，制造只限于延展性（第48页）好的金属，作为标准制品出现的只有铝和铝合金。但它不可能因加工而被送到机械工厂。在厨房转一转，会发现铝箔制的商品。

还有，所谓厚板、薄板的厚薄没有严格的标准，看厂家的商品目录，其厚度数字也是重复的。因此，它似乎只是相关者之间习惯性的、相对的标准。

▲普通厚板用来造船

▲钢带以这种卷板的形式被供应

棒材

作为机械加工用的金属材料，首屈一指的是棒材。而且，品种最多的也是棒材。特别是特种钢，几乎都是棒材。因为用它做的机械零件必须经过高精度加工而被人们所熟知。

棒钢的制造大体也用热轧加工。由于黑皮的缘故，棒钢的尺寸不怎么精确。就连很细的SS材也容许有±0.4mm的误差，特种钢容许有±1.5%的误差。细的以卷状形式被供应。

棒材的截面几乎都是圆形，但也有四方形、六角形的，而平钢为长方形截面。

除了黑皮棒之外，还有亮棒。有一种是对黑皮进行切削加工后再进行研磨等机械加工的，还有一种是冷拔加工的。这种棒不仅表面干净，而且尺寸精确。虽然有很多尺寸级别，但尺寸精度大都达到了h7或h8左右，所以可以直接把它当作工程尺寸来使用。

非铁金属的棒材，一般来说小直径的是用冷拔加工，大直径的是用挤压加工制造的。因此，和亮棒一样其尺寸是可信赖的。特别粗的棒材是通过锻造制造的。

▲热轧圆棒（黑皮棒）　　　　▲通过冷拔加工制造的棒材（亮棒）

线材

　　线材在标准尺寸里，虽然与细棒尺寸相重叠，但按常识来讲是比棒材细而长的。线材一般是经退火后变得较软的材料。

　　在常温下拉拔软钢线材得到的线材叫做铁丝。因为这是冷拔加工，所以有加工硬化现象。随着冷拔次数的增加，其硬度越来越高（见第60页）。因此，才有回火后得到的回火铁丝。这可以从JIS里得到认证。只进行了冷拔加工的普通铁丝，越细其强度越高，ϕ2mm以下铁丝的抗拉强度（第36页）已达60~120kg，而回火铁丝的抗拉强度只有30~50kg。

　　进行了镀锌处理的铁丝叫做镀锌铁丝（JIS标准）。钢铁线材除了上述的软钢丝之外，还有硬钢丝、钢琴丝等，它们不仅原材料的成分不同，而且对原材料进行热处理（淬火）后冷拔加工，所以抗拉强度更高。

▲用SWRM8~17（软钢线材）制造　　　　▲线材制造厂的现场一角

管材

管材根据直径和壁厚的不同，有很多种制造方法。

特大直径的管材是将板用卷板机卷起来后再进行焊接而成。还有螺旋焊接制造法，即把长板料按螺旋状边卷边焊而制成。UO冲压制造法，即把板料冲压成为U形、O形后进行焊接而制成。

中径管材有熔接、锻接、无缝等加工方法。其中，把长板料一边用成形辊轮成形，一边用电阻焊进行焊接而制成的管材叫做电缝管。而用加热压接法代替电阻焊制造的管材叫做锻接管。

还有叫做无缝管的管材，如第79页右图。用辊压方式制造，是第70页压延工艺的一种。铜、黄铜、铝等非铁金属的无缝管是热轧或冷轧工艺制造的。第72页和第73页的图片内容就是这种工艺的一部分。

▲ UO冲压法的冲压O形的工序（新日铁君津制作所）

大口径无缝管有用挤压方式制造的，如右图所示。

还有通过铸造的管材。第130页的球墨铸铁水管就是通过离心铸造制造的。还有铸钢管，但数量比较少。

需要机械加工的管材，一般都是机械结构用碳素钢钢管，这种钢管大都也是无缝管。这种管材的制品有液压缸缸体、车轴等很多。

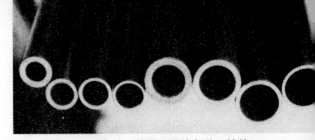
▲直径、壁厚不同的各种无缝管

▲液压缸使用的是无缝管

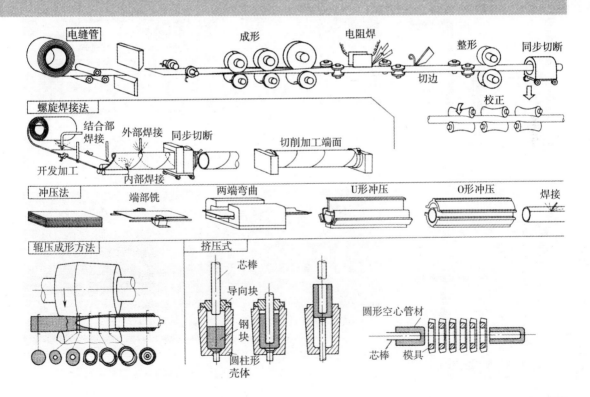

型钢

型钢有两种：一种是热轧型，一种是轻型。

热轧型钢为SS材，大都是SS41。其截面形状如图所示，各个部位的尺寸有一定的规定。

热轧型钢在标准里属于一般结构钢，通过焊接或螺栓紧固的方式用作结构件。因此，虽然都是SS材（见第94页），但很少需要进行机械加工。最多也就是加工端头、钻螺钉孔的程度。它被应用于各种各样的结构件上，如：工厂建筑物的柱子、屋外的铁塔等等。在机械领域里一般都使用这种型钢搭建框架、制作箱子或工作台之类。

轻型型钢是用钢板（或钢带）冷辊压成形而制成的。材质为SS41，但型号为SSC41。

截面形状如图所示，各个部位的尺寸也

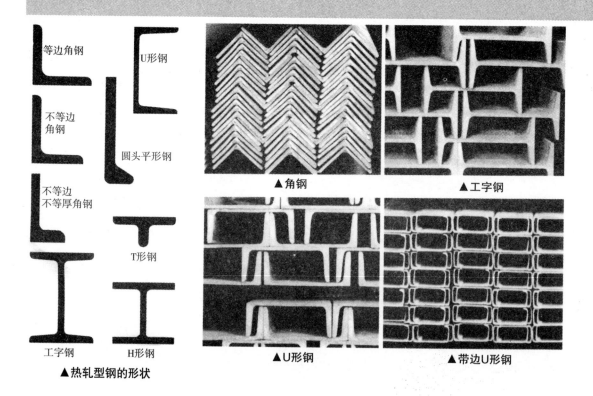

等边角钢

不等边角钢

不等边不等厚角钢

工字钢

U形钢

圆头平形钢

T形钢

H形钢

▲热轧型钢的形状

▲角钢

▲工字钢

▲U形钢

▲带边U形钢

有一定的规定。一般也是通过焊接或螺栓紧固的方式组装起来使用。钢骨架预制式住宅的结构件材料大体都是SSC41。标准名称省略了一般结构用，叫做轻型型钢。

JIS标准里只有这两种类型的型钢，但其他型钢和其他形状还有很多种，代表制品理应是轨道。谁都知道它的截面形状，JIS标准把它分为标准轨道（铁道用）和轻型轨道。铁道用轨道要求的是耐磨性，因此，其材料里的C和Mn含量较高。碳的质量分数为0.06%

以上，超过了S-C材。而且，只提高了其表面硬度，它的抗拉强度为80kg以上。

还有叫做矢板钢的型钢，用作土石方固定或隔断。它的连接口形状设计成可以与两侧相同制件相连的特殊形状。

现在虽说是铝合金门窗的鼎盛时期，但有的还在使用碳素钢门窗。骨架式工场建筑物的窗户有的还在使用钢窗。

除此之外，还有各种特殊形状的型钢。

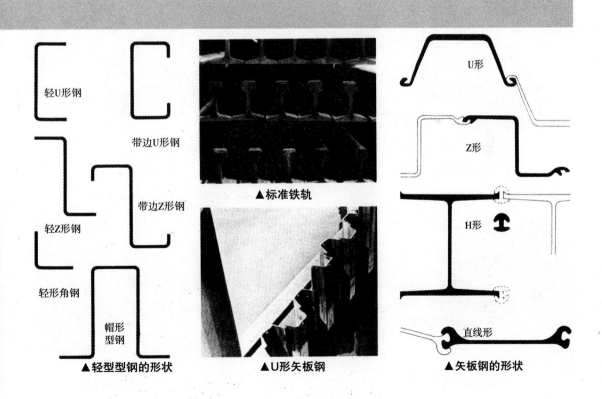

▲轻型型钢的形状

▲标准铁轨

▲U形矢板钢

▲矢板钢的形状

轻U形钢

带边U形钢

带边Z形钢

轻Z形钢

轻形角钢

帽形型钢

U形

Z形

H形

直线形

锻造、滚压、压力锻

锻造就是把金属锤打成形的加工方法，这似乎是常识。就像"趁热打铁"这个成语一样，把金属加热后进行锻造似乎也是常识。让人联想起从前的铁匠铺，当然它属于热加工。

那么，为什么说它"似乎是常识"呢？这是由于这个常识随着时代的发展有了很大变化的缘故。首先是锤打加工的含义有了扩展，既不是压延，又不是压力机加工的加工方法有了很多。

锻造的"锻"字有锤打材料提高材料强度的含义。日本刀就是最好的例子，JIS里的锻钢制品（见第98页）也是这样。

但是，一般来说锻造的主要目的在于成形，即锤打成所需要的形状。成形的目的就在于减少以后的机械加工时间和切屑废料。这与铸造是一样的。

生产量大的锻件采用模具成形叫做模锻。而生产量少或形状简单时就使用简单形状的工具，通过不断改变材料的锤打方向进

▲热锻锥齿轮

▲冷锻自行车的变速机零件

▲热辊锻汽车齿轮

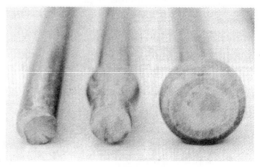
▲从左到右：冷镦螺栓头部过程

行成形，把这种成形方式叫做自由锻。

本文开头说过"趁热打铁"，但现在在常温下进行的"冷锻"也非常多。这个"冷锻"是相对于"热加工"而言的，并不是指故意冷却，这与冷轧是相同的。

再者，锻造与滚压、压力锻之间的区别不很清楚。滚压是材料在旋转过程中被塑性变形的，是以高速成形为第一目标的加工方法。螺栓，小螺钉等螺纹制品几乎都是用这种加工方法制造的。一般以冷加工为主，有时还用在齿轮加工上。

辊锻是使材料在辊轮之间边旋转边变形的加工方法，它不仅有滚压的成分，还有延长的成分。因此，虽然没有锤打，但还是把它叫做辊锻。

还有一种加工方法叫做压力锻（也叫压力机锻造）。锻造是对材料施加冲击力，而与此相反，压力锻是慢慢施加压力，使变形效果传递到材料的中心部位为止。锻造和压力锻的区分不很明确。

除此之外，还有锻细法（Swaging）和压印法（Coining）。

锻细法大体就是收缩长棒或管材的外径，把它加工成圆锥状制品的加工方法。

压印法是制造硬币的加工方法。通过对货币周边进行精密加工，省去了之后的机械加工工序。

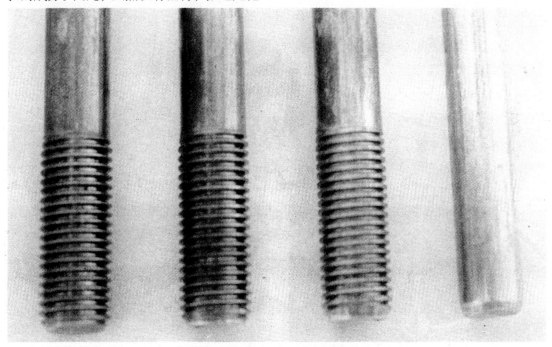

▲从右向左正在滚压螺纹过程

83

铸造

将熔化金属注入铸型内，待冷却凝固后从铸型中取出，这种制造所需形状制件的加工方法就叫做铸造。制造的制件就叫做铸件。因为是铸件，所以带有一定的形状。但不是像板或棒那样很简单的形状。铸造是一次成形复杂形状制件的最适合的成形方法。因此，通过铸造制造的原材料一般很少见，在特殊领域才能见到铸造棒之类的。

但通过铸造制造出机械本体等复杂结构件毛坯，然后进行切削加工即可制成零件的例子却非常多。因此，才有了第123页以后作为铸造原材料的各种铸铁。

铸造原材料不止铸铁一种。还有铝、铝合金、铜、铜合金、镁合金、锌合金、锡、铅合金等很多种。

铸造用的铸型一般是采用能够耐住熔融金属所需温度的耐高温砂子制造的砂型。这个砂型有湿型、干型、烧结型等。还有使用树脂的批量生产用壳型造型法，它是用模具作为原型制造大量的铸型。精密铸造里还有熔模造型法，它是用蜡制作凸模后把它放入特殊型砂中，再把蜡熔化取出而制成铸型。这种铸造方法不损坏铸型就无法取出铸件。若采用金属制造铸型的话，这个铸型就可以使用好多次。但因为与取件有关，所以对铸件形状有限制。而且，铸造材料只限于低熔点金属，例如铝、镁、锌及其合金等。

也有对模具施加压力，把熔融的金属压入型腔内的方法，叫做压铸法。这种方法经常用于锌合金和铝合金的铸造，适合于小零件的高速、批量生产。

还有对模具，有使内部真空化的方法，有施加低压的方法，还有对熔融的金属表面施加高压的不像铸造的方法叫做"液态模锻"。

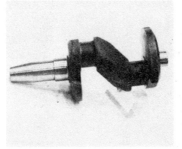

▲砂型铸造制品

▲用熔模铸造的不锈钢制品

▲低压铸造制品：细部不产生砂眼

▲液态锻造制品，如右侧零件宁弯不折

铁和钢

把转炉中的钢液注入到
钢包里（见第90页）

铁就像是金属的代名词，金属材料也好，读者每天都在机械加工的工件也好，大部分都应该是"铁"。

在一般会话或文章中使用"铁"这种表达方式一般不成问题。但在像这本书一样比较专业的领域里，必须稍加严密和正确的表述它。

"铁"作为金属材料首先不存在。虽说有一点极端，但在 JIS 标准里带有"铁"字的只有○○铸铁和电磁软铁之类。其他的金属都叫做○○钢（如：钢材，钢棒，钢板，钢管等）。就是说，一般称之为"铁"

的，除了铸铁之外都是指钢。

那么，"铁"和"钢"到底有什么区别呢？实际上从没有现代这种钢铁技术的时代开始就有了"钢"这个词。

抛开技术性问题，国语（日本语）里的所谓"钢"是指"把铁锤打炼制的物品"。但这种区别只是感性的，还不属于技术性、科学性的区别。

在学校化学书里出现的是元素"铁"，是指铁素体，即 ferrite，符号也是 Fe（见第 10 页）。而一般会话和文章中的"铁"是 iron。因此，可以把"铁"理解为铁的总称即可。

那么，"钢"到底是（steel）是什么呢？它没有明确的定义。首先，用铁矿石制造生铁称之为制铁（见第 88 页）。而这种生铁含碳量非常高（质量分数约为 3%～4%），直接

应用的只有铸铁（见第 124 页）。大部分还要马上去除多余的碳（C）、硅（Si）、磷（P）、硫（S）等杂质和氧（O）、氮（N）等气体。把这个过程就叫做制钢（见第 90 页），而把这个制品叫做钢。

所以，可以说"钢是把生铁用现代的科学技术炼制的"。

在 JIS 里把通过这种制钢工艺制成的制品也叫做○○钢。这种○○钢的牌号的第一个字母就是 steel 的"S"，与钢的"S"字母相对应，而铸铁 FC（见第 124 页）的"铁"就是 ferrite 的"F"。

钢的分类如下：

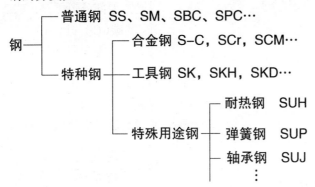

在这里列举的种类只是钢中的极少一部分。普通钢和特种钢还有很多种类，特殊用途钢按每一种用途也细分成数十种。用尽这一页也介绍不完其种类，也没这个必要介绍它。

其中，普通钢也可以叫做碳素钢，是指铁（Fe）中含有碳（C）、硅（Si）、锰（Mn）、磷（P）、硫（S）这5种元素的钢。虽说是包含这些元素，但可以理解为除碳元素以外的其他元素是除不净的残留物。

只是在JIS标准里，有带碳素钢文字和不带这个文字而只叫做〇〇钢的规格名称，但这种区分还没有明确的根据。

还有S-C钢材虽然包含在合金钢里，但它是纯粹的碳素钢，只不过它是精心制造的高级碳素钢，其质量标准也与特种钢相当，因此在JIS标准里把它的分类号定在4000号级上。

所谓合金钢是指经热处理后使用的特种钢。工具钢如其名，牌号里包含工具（kogu）的K字。特殊用途钢也和它一样，牌号里包含用途（use）的U字。合金钢却不使用K或U等通用字，而是采用被包含特殊元素的符号，如：SMn、SMnC、SCr等。

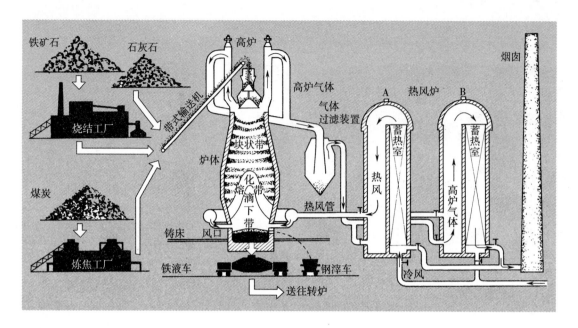

炼 铁

炼铁厂的象征是高炉，也叫熔矿炉。如其名，现在的高炉有的高达100m。因在其中熔化铁矿石，所以也叫做熔矿炉。高炉的大小按内部装载容积计算，这也代表炼铁厂的生产能力。

从高炉的顶部循环加入铁矿石、焦炭、石灰石等原料，从高炉的底部吹入高温空气。这样，通过焦炭的燃烧，炉底温度可达2000℃。这时，封闭的炉内因高温而产生大量的一氧化碳（CO），一氧化碳从炉底往上升。

所谓铁矿石，就是磁铁矿（Fe_3O_4）或赤铁矿（Fe_2O_3）或褐铁矿（$2Fe_2O_3 \cdot 3H_2O$）等氧化铁。它们通过高温一氧化碳（CO）或焦炭的碳被除去氧（称为还原），熔化后积存在炉底，这就是熔化的生铁，即铁液。把这种制造工艺叫做炼铁。

为了提高炼铁工艺的效率，需要进行很多工作。铁矿石是天然的，因此它们的状态各不相同。所以，首先要对它进行烧结工作。粉碎铁矿石，把它加工成一定尺寸的粒状，然后烧结成块。虽然很费事，但效果很好。焦炭是在炼铁厂用煤烧制出来的。

石灰石起到铁和杂质的分离作用。它与铁矿石里的岩石和泥相结合形成炉渣。因炉渣的密度小，它漂浮在铁液的上面，所以每隔一定的时间就需要清除它。炉渣作为高炉水泥的材料而被广泛应用。

从高炉上部排出的高炉气体是很好的燃料气体。把它送进热风炉进行燃烧，加热热风炉内被堆积成格子状的砖块。然后切断气体送入空气，空气将被加热，再把这个热空气吹入高炉内。一座高炉一般设有2～4个热风炉。这样通过交替使用热风炉，可实现高炉的连续工作。

最后，从高炉底部取出积存的铁液，然后把大部分铁液用铁液车直接送到炼钢工序。把这种后续与炼钢直接衔接起来的方法就叫做炼钢一体化生产。日本的炼铁厂都采用这种炼钢一体化的方式生产。

▲原料场里的煤炭

与炼钢用生铁相对应，把铸造时使用的生铁叫做铸造用生铁（见第124页）。因铸造用生铁作为商品会直接销售到铸造厂，所以把它做成便于运输的5～15kg重的块状，把这种块状的生铁称为铸锭。

▲从焦炭炉（右）生产出来的焦炭

▲新日本制铁君津制铁所的第4号高炉，内部容积为4930m³

89

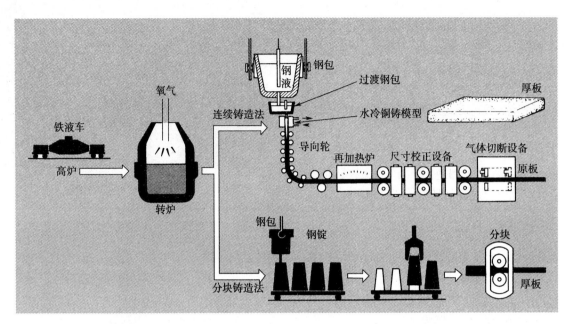

炼 钢

炼出的生铁本身又硬又脆，只能作为铸件的原材料使用。从这个生铁中去除杂质，特别是去除碳C，炼制出有塑性且易加工的钢的过程就叫做炼钢。

氧能与碳（C）、硅（Si）、锰（Mn）、磷（P）、硫（S）等元素相结合。因此，氧气（O_2）起到去除生铁中杂质的作用。和炼铁一样，再往生铁中加入石灰石熔剂，使杂质变成炉渣被分离出来，然后清除炉渣。这就是精炼。

最后积存下来的就是钢，但其中含有氧（O）和氮（N）等气体。为了去除这些气体，就加入 FeSi、FeMn 等物质进行脱氧处理。

通过精炼和脱氧处理即可完成炼钢，然后把它注入铸型内制成钢锭。统计时把这个钢锭叫做粗钢，一般用它表示钢的生产量，如：粗钢生产量为〇〇吨。这并不是说实际存在叫做粗钢的钢材，而把它当作是普通

▼往转炉（内部容积为 500m³）里注入液态生铁

钢、特种钢等的原材料就可以了。

炼钢用炉子有转炉、平炉、电炉等3种。平炉以前用得很多，但现在因转炉的技术先进，而且转炉的生产能力提高很多，所以平炉数量目前已所剩无几。电炉因不存在燃料和热风带进杂质的隐患，所以主要用于特种钢的制造。

目前炼钢大都使用转炉。转炉有着酒壶状的形状，前后可以倾斜（旋转），因此它才有了这种名称。

转炉的炼钢过程如下：把用铁液车运过来的液态生铁直接倒入转炉内，并加入熔剂后马上从上部通过管道吹入高纯度、高压氧气。这时，液态生铁里的碳（C）和其他杂质被氧化（燃烧），形成炉渣后漂浮上来。这样精炼40min左右后倾斜转炉，把液态钢注入到钢包中。最后加入脱氧剂进行脱氧处理。之后，把它制成钢锭。

这个钢锭通过压延、锻造加工制成钢材，然后供应市场。若像以前一样分别进行炼铁、炼钢、压延等一系列的加工，则每道工序都需要加热和冷却的过程。为了避免它，现在的炼铁厂都在进行炼钢一体化的方式生产。

制作出来的钢锭既然还需要轧制成型钢，那么能不能把钢锭的制作过程也省了呢？可以做到这一点的就是连续铸造法。即把液态的钢直接注入带有所需截面（形状和尺寸）的通底铸型里，然后边冷却边切断从铸型底部出来的钢。把这种钢叫做铸钢片。

这种连续铸造法刚开始的时候钢带是垂

▲从连续铸造设备中交替生产出来的厚板
（厚300mm，宽2200mm，长12800mm）

直流动的，但现在已发展到了连续化生产。趁着钢带软，把它由垂直变成水平流动，然后与再加热炉和可变尺寸的轧制设备相连，这样就可以直接生产出最终产品。

再者，虽说是炼钢一体化生产，但炼铁和炼钢之间是需要用铁液车来搬运液态生铁的，所以说炼铁和炼钢是不连贯的生产。现在有人正在进行像取消钢锭制造工序而直接与轧制工序相连一样，把炼铁和炼钢直接连贯起来的研究。（照片由新日本制铁提供）

沸腾钢和镇静钢

钢有沸腾钢和镇静钢。炼钢（见第90页）是往精炼后的液态钢里加入脱氧剂来进行的，在这个过程中可制造出上述两种钢。

若使用像FeMn等脱氧力弱的脱氧剂，因液态钢内部的碳（C）也有很强的脱氧力，所以这个碳（C）就和氧（O）相结合形成二氧化碳气体，然后像汽水一样以泡的形式冒出。把它注入铸型内时，就会产生对流现象，并且从铸型的周边开始凝固，熔点高的，即含杂质少的先凝固。

这样，因对流的缘故，杂质不断被运送到铸型的中心部位，而未跑净的气泡也被憋在里面。最终只有周边部位形成了纯度又高也没有气泡的钢，这就是沸腾(rimed)钢。

由于脱氧和脱碳是同时进行的，所以沸腾钢里没有含碳量高的钢。SS材料（见第94页）就是沸腾钢。内部的气孔（气泡)因在后续的轧制工序将被压碎，所以对实际应用没有影响。因材料利用率较高，所以沸腾钢的制造成本低。普通钢全部都属于沸腾钢。

若使用强脱氧剂FeSi，内部的气体将被彻底排出，像没了气的汽水一样，就变成了镇静（Killed）钢。镇静钢在铸型内也不流动，从外部开始向内部逐渐凝固，因此，在上部形成缩孔一样的气囊。

由于这个部位需要切除，所以镇静钢的材料利用率较低，造成制造成本提高，但它的内外质量都较高。特种钢就是用镇静钢制造的。

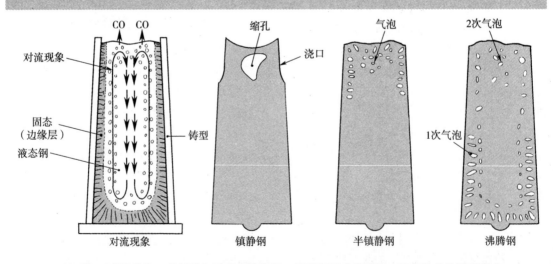

▲强脱氧形成镇静钢，普通脱氧形成半镇静钢，弱脱氧形成沸腾钢，而气泡依次逐渐增多

炼铁厂

炼铁需要大量的焦炭（也就是煤炭），因此以前的炼铁厂就建在容易弄到煤炭的煤矿附近。在不出产铁矿石和煤炭的日本，第2次世界大战之后把炼铁厂都建在了海岸线一带。这不仅有利于用专用船从海外大量运进铁矿石和煤炭，还有利于钢铁制品的输出。设备都是最先进的，为提高效率而使用了大容量的高炉，因此日本的钢铁制造业在质量和成本方面已位居世界第一。

现在的炼铁厂因为进行炼铁、炼钢连续化生产，所以，从原材料的进厂开始，焦炭炉、高炉、炼钢炉、轧钢机到产品出厂为止，其布局更为合理。

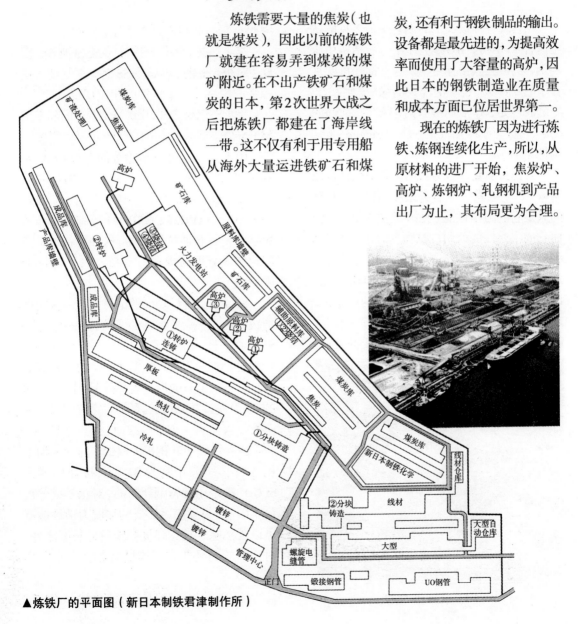

▲炼铁厂的平面图（新日本制铁君津制作所）

碳素结构钢（SS 钢材）

在各式各样被加工的钢材中最多见的就是这种SS钢材，在JIS里称作一般结构用压延钢，机械工人俗称生铁。这种称呼可能来自于它不淬火，也不能淬火的缘故。它在JIS里的牌号是SS，后面缀有两位数字。前面的S是"steel"的S，后面的S是"structure"（结构件）的S。

SS钢材对化学成分没有限制，充其量控制磷（P）、硫（S）等有害杂质而已。有限制的只是它的力学性能（见第23页），即强度。而它的主要性能就用抗拉强度表示，也就是牌号里的数字。例如，在SS钢材里可以说是最主要的SS41就是指抗拉强度为41kgf/mm²以上的钢材。但在保证这个强度的基础上，还要抑制影响低温脆性的磷（P）、影响红热脆性的硫（S）等使钢材变脆的杂质的含量，

▲俗称生铁的 SS 钢材

因此，它的P和S的含量有上限限制。

综上所述，所谓SS钢材就是沸腾钢。因此，对板、平钢、型钢等SS钢材都制定了抗拉强度用试片采集位置的相应规定。

除了SS钢材之外，用沸腾钢制造的和SS钢材一样以强度为主要指标的JIS钢材也很多。

用于汽车车身及车轮等的钢板和钢带，其主要指标是冲压加工性，用SAPH牌号后面缀2位数字来表示其材料牌号。当然，SAPH32、SAPH38、SAPH41等牌号后面的数字就是材料的抗拉强度。这种材料也只控制化学成分里的磷（P）和硫（S）含量的上限而已。

机械加工用量较大的钢材里有一种叫做冷拔棒的钢。除了特殊的之外，这种钢也和SS钢材一样只限制了磷（P）和硫（S）的含量而已。它是用SS钢材通过冷拔加工而制成的，用SS41B-D的形式表述牌号。B是棒bal的B，D是冷拔drawing的D。它有圆形、六角形、直角形、方形等截面。

还有叫做冷轧钢板（钢带）的冲压加工用板材，一般用料为SPCC，拉伸用料为SPCD，都是用沸腾钢轧制的，对化学成分也没有限制，只要满足必要的强度力学性能就可以了。除了抗拉强度和断后伸长率之外，对SPC板材还规定了埃里克森值（见第43页）。

与SPC相对应的是热轧软钢板（钢带）

SPH，它和SPC的道理完全相同。

钢筋混凝土用棒钢SR也是一个道理。为了便于和混凝土结合而加上突起部的棒钢是SD。缀在SR和SD后的2位数字（如：SD24）表示材料的屈服点。它的抗拉强度和SS41相当。

除此之外，虽然对化学成分进行了规定，但含碳量与SS钢材相当，在碳的质量分数为0.3%以下的钢材还有很多，这种材质一般无法进行淬火处理，机械加工时同等对待即可。

一般结构用碳素钢钢管的牌号为STK，它只不过是把SS钢材加工成为管状而已。

以下这些都是SS钢材的同类：

▲用 SAPH 材料做的车轮

▲建筑脚手架用钢管的材质是 STK41

▲铁筋的材质是 SD24

▲这是用 STK 材料做的

95

优质碳素结构钢（S—C钢材）

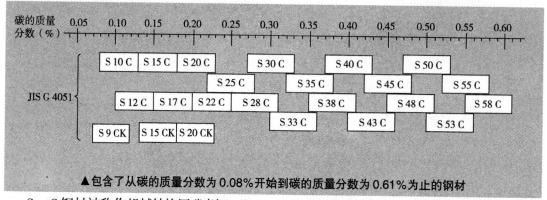

| 碳的质量分数（%） | 0.05 | 0.10 | 0.15 | 0.20 | 0.25 | 0.30 | 0.35 | 0.40 | 0.45 | 0.50 | 0.55 | 0.60 |

JIS G 4051

S 10 C　S 15 C　S 20 C　　S 30 C　　S 40 C　　S 50 C

S 25 C　　S 35 C　　S 45 C　　S 55 C

S 12 C　S 17 C　S 22 C　S 28 C　　S 38 C　　S 48 C　　S 58 C

S 33 C　　S 43 C　　S 53 C

S 9 CK　S 15 CK　S 20 CK

▲包含了从碳的质量分数为0.08%开始到碳的质量分数为0.61%为止的钢材

S—C钢材被称作机械结构用碳素钢，即是碳素钢，而在JIS里又是特种钢。以SS钢材为代表，除5种元素之外不含其他特殊元素的其他钢材，不把它称作○○碳素钢。这种叫法虽然不合情理，但S—C钢材无疑是用镇静钢制作的上等的钢材（见第92页）。

首先看一下它的牌号S—C，和其他牌号不一样，S和C之间的数字表示材料的含碳量。

因此，碳素钢是牌号表示材料的成分比。在化学成分里对钢的性质影响最大的是碳元素（C），所以，牌号表示这个碳（C）的含量。

例如，有一种广泛应用于工具类的材料，其牌号为S45C，说明这是碳的质量分数为0.45%的碳素钢。虽说是碳的质量分数为0.45%，但精确控制这个比例较困难，所以含碳量有一定程度的浮动。就拿S45C来说，钢中碳的质

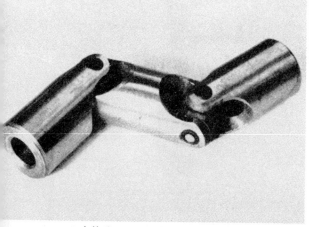

▲本体为S20C，连接部为S45C

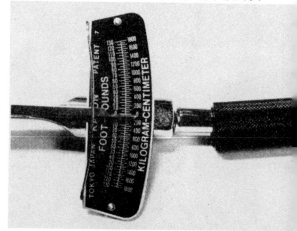

▲板形扭矩扳手的支撑部位为S25C

量分数以 0.45% 为中心上下可以浮动质量
分数 0.03%，即碳的质量分数范围为 0.42% ~
0.48%。从 S10C 开始到 S58C，碳的质量分数
都有上下质量分数为 0.02% ~ 0.03% 的浮动
量，因此，含碳量的上下两端和各自相邻的
上下种类相互重叠。

总之，碳的质量分数完全包含了 0.08% ~
0.61% 这个范围。

刚才说过含碳对碳素钢的影响很大，一
般来说，含碳量越高，碳素钢的硬度和强度也
越高。碳素钢中碳的质量分数最少的有 0.08%，
最多只能到 1.5% 为止。其中，S—C 钢材碳的
质量分数最多只能达到 0.6%。含碳量超过这个
数值的材料属于工具钢（见第 112 页）。

那么，说一说碳元素（C）的作用。它的
最大作用当然是淬火硬化。一般碳的质量分
数低于 0.3% 以下的基本上不进行淬火（实际
上也淬不上火）处理。在 S—C 钢材中，为了
提高 S28C 之前材料的淬火性能，加大了锰元

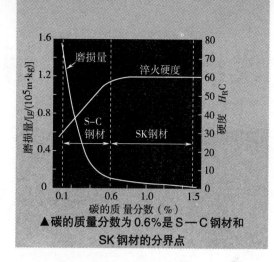

▲碳的质量分数为 0.6% 是 S—C 钢材和
SK 钢材的分界点

素（Mn）的含量。含碳量越高，淬火硬度
就越高，但这种效果只对碳的质量分数低
于 0.6% 的材料有效。超过这个含量后，淬
火硬度不随着含碳量的增加而提高。

那么，为什么提高了工具用碳素钢的含碳
量呢？是为了提高其耐磨性。

碳素工具钢还有一个纠缠不清的问题。
经常听到软钢和硬钢的称呼，但它们的区
分模糊不清。

▲钻夹本体（右）和钻套（左）的材质为 S35C

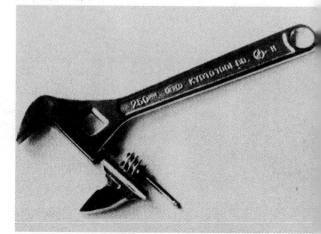

▲本体和夹头都是 S55C 的锻件

97

碳素结构钢锻钢制品

它在JIS里的牌号是SF。它与其他材料不同的是在JIS里缀有"品"字。其他材料都是以〇〇钢材、〇〇钢棒、〇〇钢板等名称表示它是材料，而SF的名称是碳素结构钢锻钢制品。F是forging（锻造）的F。

它的确是碳素结构钢，但它的成分就像SS钢材一样，只控制了增大钢的脆性的磷（P）和硫（S）的含量，没有规定含碳量。但规定了它的制造方法，即用镇静钢（见第92页）进行锻造。而且还有一个特点，它不是材料，它是"制品"，即成形为某一形状的制品。

在这里说明一下"锻钢制品"和"锻造制品"的区别。所谓锻造制品就是把材料加热后怦怦锤打成形的加工工艺，但最近对材料不进行加热而在常温下直接进行锻造的"冷锻"也越来越多了起来。锻造制品与材料无关，不是碳素结构钢材质的锻造制品也有很多。用某种棒材锤打成的曲线状的制品或

发动机的曲轴，这些都是锻造制品。

那么，什么是锻钢制品呢？它有一定的锻造成形比，工厂里简称为锻造比。锻造成形比是指材料原始截面面积与成形后的截面面积之比。若这个数值为3，即是指成形后的截面面积变成了原材料截面面积的1/3，当然长度变成了原来的3倍。在这个数值后面缀上"S"（是swage的S）来表示它，如：锻造成形比为3S。

锻造制品没有规定这个锻造成形比，它注重的只是形状。而锻钢制品SF则附带有"锻造成形比在3S以上"等条件，表明它是经过锻造的具有高质量的制品。那么，与第70页的压延是否一样呢？普通材料一般都是通过压延制造的，与锻钢制品的区别在于压延制品是以成形性为主，对压延比的要求不那么严格。

而且，锻钢制品必须经过退火、正火、正火后回火、淬火后回火这4种热处理中的某

▲铁道车辆的车轴是锻钢制品

一项热处理，从而达到规定的强度。

也就是说，锻钢制品SF虽然像沸腾钢制造的SS钢材一样不注重化学成分，但它是使用镇静钢并按一定数值的锻造成形比锻造的，保证了力学性能的制品。因此，与SS钢材一样，在SF的后面缀上2位数值来表示其抗拉强度。实际应用中的锻钢制品大多是粗壮制件，如：发电机的轴、铁道用车辆的车轴、船舶的推进器轴等。

下面列举一下与SF相近的材料及其制品：

SFV   压力容器用调质型碳素结构钢及
           低合金结构钢锻钢制品。

SFVV   压力容器用调质型真空处理碳素
           结构钢及低合金结构钢锻钢制品。

SFHV   高温压力容器零件用合金结构钢
           锻钢制品。

SFCM   铬钼钢锻钢制品。

SFNCM   镍铬钼钢锻钢制品。

SFB   碳素结构钢锻钢制品用钢片。

▲发电机的涡轮轴是锻钢制品

▲正在安装中的巨型油船的推进器轴是锻钢制品

99

碳素结构钢铸钢制品

▲交叉铁轨是SCMnH3高锰钢铸钢制品

它在JIS里称作碳素结构钢铸钢制品，其牌号为SC。C是casting（铸造）的C。与SF一样后面缀有2位数值，如同SS41表示抗拉强度。铸钢制品的"品"字的意义也和SF一样。

那么，它与铸铁FC（见第124页）相比有什么区别呢？首先是牌号中的字母F和S的差别，这与纯铁和钢（见第86页）是一样的道理。如同其名它是碳素结构钢的铸钢制品。与SF一样，虽说是碳素结构钢，但却没有对其成分的限制。还有一个与SF的共同点，就是必须对它进行退火、正火、正火后回火这3种热处理中的某一种处理。

还可以通过焊接进行修补，也是它与铸铁FC的差别。它既是铸件，又是碳素结构钢铸钢制品。也就是说它与FC不同，既没有黑皮，也没有脆性。

那么再说一说铸铁。铸铁的优点在于可以一次铸造成形复杂形状的零件，即铸铁铁液在1400℃时有足够的流动性，狭窄的地方也好、弯弯曲曲的地方也好它都可以流进去。但铸钢钢液必须达到1600℃才有足够的流动性。当然，熔炉也要耐得住这样的高温。为了防止碳（C）的进入，也不能使用熔炼铸铁用的焦炭冲天炉。

铸铁含碳量较高，凝固时将析出石墨。随着这个石墨的膨胀，可以补偿铸件整体的收缩，因此只需少量的补充铁液。所以，材料利用率较高。铸钢与此相反。钢液在凝固

▲连接器本体是 SC46 铸钢制品

▲这个车履带是 SCMnH21 高锰钢铸钢制品

时的体积收缩率达到 1.5% ~ 3%，所以内部容易形成缩孔。

在这里对比一下 SS、SF、SC。为简单起见，以圆棒为例。SS 是压延制品，SF 是锻钢制品，SC 是铸钢制品。

材料通过压延或锻造加工，可以提高其强度。此时的 SF 使用了镇静钢这种好钢，而且也有一定的锻造比。加工材料的组织发生了流动，在组织流动的方向上强度提高，但在垂直方向上则强度提高得不大，即强度随着方向而变化。而 SC 是由外向内固化，所以不存在方向性问题，这就是它们的差别。还有就是兼顾制件形状的复杂性来取舍采用何种加工工艺。

铸钢制品除碳素结构钢的 SC 之外，还有第 110 页之后的特殊钢制品。它们都带有 SC 牌号。例如：

SCW	焊接结构用铸钢制品
SCC	高张力碳素结构钢铸钢制品
SCMn	低锰钢铸钢制品
SCSiMn	硅锰钢铸钢制品
SCMnCr	锰铬钢铸钢制品
SCMnM	锰钼钢铸钢制品
SCCrM	铬钼钢铸钢制品
SCMnCrM	锰铬钼钢铸钢制品
SCNCrM	镍铬钼钢铸钢制品
SCS	不锈钢铸钢制品
SCH	耐热钢铸钢制品
SCMnH	高锰钢铸钢制品
SCPH	高温高压用铸钢制品
SCPL	低温高压用铸钢制品
SCW–CF	焊接结构用离心力铸钢管

101

火花试验法

把钢触到旋转的砂轮片上，将会产生火花，观察这个火花就可以判断出钢的材质。这是很早以前就开始使用的方法，JIS也有相关标准。但

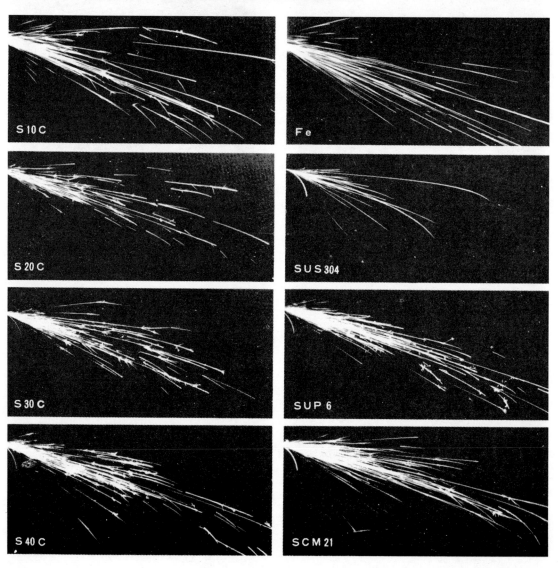

S 10 C

Fe

S 20 C

SUS 304

S 30 C

SUP 6

S 40 C

SCM 21

是，不可能随时随地都按照JIS所规定的各种条件进行现场试验。例如：无法保证砂轮片就是JIS火花试验法所要求的（粒度为36~46，结合度为M~Q，线速度为20m/s以上），而标准试片也不是随处可得的。在这里忽略不计这些细节，只介绍普遍采用的基本方法。

▲火花试验标准试片

合金钢火花的特征

SK 2

菊花状火花（Cr）　　枪头状火花（Mo）

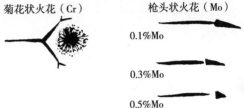

0.1%Mo

0.3%Mo

0.5%Mo

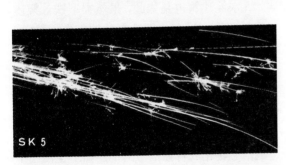
SK 5

白玉火花（Si）　　分裂剑状火花（Ni）

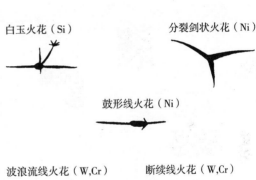

鼓形线火花（Ni）

波浪流线火花（W,Cr）　　断续线火花（W,Cr）

带白须的枪状火花（W）

SKH 2

狐尾状火花（W）　小水滴状火花（W）　分裂状火花（W）

金属材料及其他

"金属材料"从文字上讲，就是用来制作某种物体的金属的材料。而用来制作物体的材料不仅有金属的，还有木头、石头、纸、布、塑料等各种各样的材料。它只是其中的一种材料，即金属。

这本书的读者大部分都是天天在进行金属切削加工工作的人们，作为常识他们都认为材料就是金属。因为加工金属的机床本身首先是由99％的金属材料构成，而且几乎都是广义上的铁。然而，日本独门独户式住宅的材料大多数是木材，金属材料的使用量极少极少。就连用量越来越大的组合式住宅也只不过是铁骨架的比例增加了而已，而非金属材料的使用量还是远远大于金属。

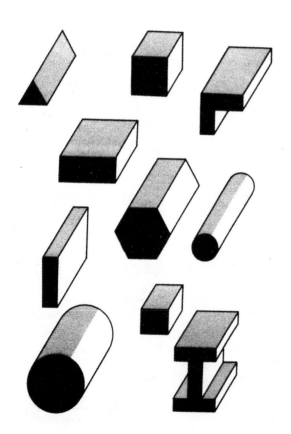

水泥建筑也是如此。虽然大型铁骨架建筑的照片充斥在与钢铁有关的广告资料中，但按金额所占比例来说，它还不是最主要的。

再看一看另一个世界，例如音频或立体声领域。录音用的磁带是合金粉磁带，与之配套的磁头是金属材料制作的。还有，在把电信号转化成音频信号的扬声器上也使用了各种各样的金属，而且还在继续试制和研究。

这些金属材料若按用量计算的话虽然很少很少，但人们还在努力研究各种金属，还在努力寻求它们的加工方法。

像大桥一样的土木建筑使用99％以上的金属材料，而且还是钢铁。铁路车辆、船舶几乎都是用钢铁制造的。在这个领域里不需要特意指定哪个是金属材料，而要指定的是非金属材料。读者所接触的机械领域也是如此。

读者几乎每天都和金属打交道，每天在加工金属材料。而不同领域的人对金属材料有不同的认识。

铁的价格

您曾经想过铁的价格吗？铁的种类太多了。从用量最多的沸腾钢 SS 材料到高级合金钢，从热轧圆棒到细细的线材，从热轧厚板到冷轧薄板，有很多很多。其中，被当作价格基准的是热轧的 9mm 圆棒，是钢筋材料。价格按重量吨来计算。若只说价格为 6 万日元，就是指 9mm 圆棒 1t 的价格为 6 万日元。

在某年某月某日的报纸的市场状况栏上曾经见到：9mm 圆棒，1t 的价格为 6 万日元；同一页上的蔬菜，10kg 萝卜的价格为 600 日元。若按同一计量单位计算，两者均为每 1kg 为 60 日元。这相当于批发商的批发价。

无法相信，铁和萝卜是同一价格！

日本的钢铁质量高，价格便宜，现在已成为世界第一。沿海工业园地上矗立的使用最新设备的大型炼钢厂，从矿石产地用专用船舶运输进来大量廉价的矿石，还有被积累起来的先进的质量管理技术等等，这些就是造就这种低价格钢铁的因素。不管我们个人如何努力，只靠一个人的力量钢铁是无法制

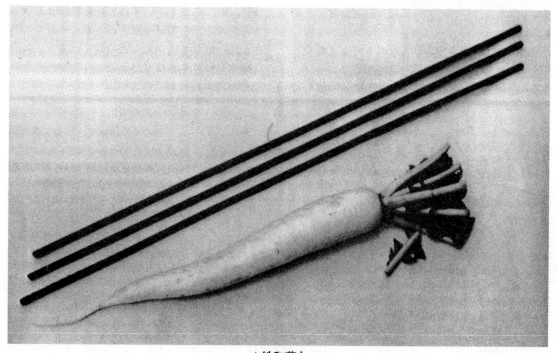

▲铁和萝卜

造的。以砂铁为原料的自古以来的小规模的炼铁方式也不可能实现这种目标。

那么，萝卜又是如何生产的呢？按日本的平均气候条件来讲，只要把种子播种到犁过的土地上，即使什么都不作，经过一定的时间后萝卜就会长出来了。这样写容易招来农民的抗议。当然，萝卜也是有质量要求的，即好吃不好吃。因此，这种比较有可能很勉强。但是，这个萝卜的生产方式从古至今又有多少变化呢？萝卜的质量又有多大的提高呢？再者，这个萝卜98％以上是由水分构成的！

再举一个例子。印刷这本书用的纸张的每1kg的价格为250日元。与很重的钢铁相比，一吹就可以飞起来的纸的价格，竟是钢铁价格的4倍以上。把切削后剩下的铁屑扔掉，大家是否认为很可惜呢？不不，扔纸是更大的浪费！因此，大家一定要珍惜这本书哟！

关于坚硬

钢铁似乎就是"坚硬"的代名词。日语里有一个词叫做"铁面皮"，是指厚脸皮。还有，如：钢铁一样的意志，像钢铁一样团结，坚守如铁壁等等。这种语言的表现方式从古至今广泛使用。金属确实比非金属坚硬，钢铁确实比非铁金属坚硬，这是不争的事实。

那么，所谓"坚硬"到底是怎么一回事呢？在这里想告诉大家与本书的读者无太大关联的人们对此的大相径庭的认识。

从古开始就熟知的建筑用木材有杉树、桧树（日本特产）、松树。它们都属针叶常青树。特别是杉树和桧树，因为它们很笔直，所以经常用作建筑物的柱子和横梁。但这3种木材也有各自不同的性质。

把同等粗细和同等长度的小棒用手折一下，最轻易折断的是杉树，桧树最不容易折断。而且桧树折了也不断开，总是要恢复原样似的往回弹。松树最不容易弯曲，一旦施

风箱

在舞台上，特别是在歌舞伎中，有一种演技，就是演员在原地不动而只做出踩踏（当然发出声音）的动作，把这个动作称为踩风箱。

"风箱"这个词，一般作为演艺术语都很熟悉。

但这个词语源于日本古老的炼铁领域。

砂铁是原料，木炭是还原剂，每隔30min就往炉中交替加入这两种物质，然后用脚踏风箱送入空气，这样就可以炼出铁。为了做出脚踏动作，人们用手抓住从厂房天棚垂下来的绳子，单脚立地，而用另一只脚踩踏风箱踏板。也就是说，在位置不变

加强力就会砰的折断。总之，可以认为桧树有韧性，松树有脆性。但在这种情况下，哪一种树可以说是最结实的呢？认为在施加较小力量的情况下被折断的杉树最弱。稍微加大力量，桧树也会折。但可以说桧树较结实。再加大力量，松树就会折断。桧树虽然折了、裂了，但还是连在一起，总想往回弹。所以，认为桧树比松树结实。

金属也是一样。在较小的力的作用下弯曲的，认为它的强度低。在较大力量的作用下宁折不弯，就认为其强度高。虽然弯曲了，但一旦卸去外力就会恢复原样的，认为其强度更高。

这种强和弱的判断，力量大小不是主要的。因为人人都按自己的力量标准，施加一定的力量进行尝试，然后才进行判断。若是本书的读者，一定会把力量大小和这个力量的施加方式当作标准进行思考的，但一般的人不会这么思考。

还有，有人认为捶打后产生凹坑的是强

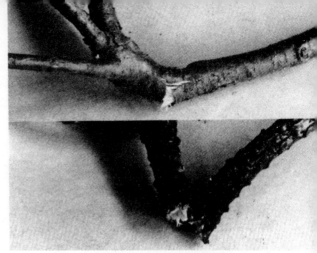

▲杉树即使折了还连着一半以上，而且还往回弹，但松树一下就折断了

度低的，有人则认为捶打后发生掉碴的是强度低的。然而，本书的读者就知道，它们是不可能相提并论的。

最重要的是这种强度的判断标准究竟是什么。不折反而弯，不弯反而折，这需要在弯曲试验和抗折断试验中进行检测。因为检测的内容不同，所以不可能进行强和弱的判断。因此，强弱必须明确它的针对对象。

的情况下，只是让脚做上下运动，把这种动作叫做踩风箱。

"风箱"这个词的来源学说虽然很多，但它是这个一连串的炼铁作业、方法和设备的总称，而其中的踩风箱这个词变成了毫不相干领域里的舞台用词。

关于风箱炼铁，在岛根县安来市的和钢纪念馆就有其复原后的设备及模型。

▲像棒糖一样扭曲的铁轨

总结语

　　一旦发生脱轨、颠覆等铁路事故，新闻报道中肯定会出现这种常用语，即"铁轨扭曲得像棒糖一样…"，好像新闻记者只知道这一句词似的。

　　新闻记者的新闻报道似要通过这个常用语来表现事故的大小和严重程度。承载着大量的乘客或货物的客车和货车在铁轨之上高速行驶而安然无恙，所以，在记者的眼里铁轨似乎非常结实。那么结实的铁轨扭曲成这样，记者当然当成大事故了。

　　铁路的铁轨确实很结实。但是，"结实的铁轨不弯曲"，这是外行人无知的片面想法。长达25m，相对于截面尺寸特别长的铁轨，认为它不会弯曲的想法本身就很可笑。

　　铁轨会弯，而且弯曲它也很简单。但决不会像弯曲细铁丝一样那么容易。这是当然的，就连重重的火车在上面跑也不会引起变形的铁轨，自有它的强度。要是那么容易弯的话就太危险了。

　　但是，在事故中铁轨弯成"像棒糖一样"的程度，这相对于全长来讲，它的变形量还是很小。请大家放心，铁轨的一定程度的弯曲变形与细铁丝的弯曲不同，它属于弹性变形。只要消除对它的束缚（除掉刮它的东西或拔掉固定它的犬钉），使其恢复自由，铁轨会立刻恢复直线状。

　　例如，把一根长达25m的铁轨，在靠近中部的两个部位把它吊起来。此时，铁轨整体将会发生较大的弯曲变形，甚至几乎达到半圆状。若把它放回到地面上，铁轨会发出"吡"的响声，同时恢复成笔直的直线状。

　　被当作弯曲比喻的"棒糖"又如何呢？虽然没有铁轨那么细长，但细长的棒糖大概就是「七五三」的红白糖或是金太郎糖吧。它们在一般状态下不会像铁轨一样弯曲，一弯就会折断。要弄弯棒糖，首先必须热一热它，使其变软才行。因此，"棒糖会弯"的想法是否也是一些人的片面想法呢？

　　话又说回来，即使是长度超过300m、宽50m、高30m的巨型游船，若被巨浪托起，船的首尾也有50cm左右的上下变形。但相对于全长来说只有1/600的变形量，所以不用大惊小怪。还有，东京塔高达330m，即使遇到很小的风，它的顶端也有1m左右的晃动。但这和高度相比也不是什么大事。

特殊钢

新干线车架的弹簧（见第 118 页）

合 金 钢

合金钢是有点儿难理解的钢。它既不是第86页所述的所谓普通钢的碳素钢,也不是工具钢,而是没有特殊用途的特殊钢,即它是机械结构用合金钢。

第96页所述的S—C钢材在JIS里也属于机械结构用碳素钢,因此,它们都是同一目的的结构用钢材。

要说它和S—C钢材的不同点,就是它是含有碳元素之外其他元素的合金。那么,为什么加入了碳元素之外的其他元素呢? 首先,为了满足结构钢材料的强度要求,对它进行热处理是使用它的前提。它用于S—C钢材无法满足强度的地方,所以必须保证它能够进行淬火处理。尺寸越大,S—C钢材就更无法充分淬火,为保证粗大件也能够进行淬火处理,就加入了各种元素,这就是合金钢。

合金钢的材料牌号便于识别它所包含的合金元素。但它和元素符号还不一样,是金属材料里独有的。如: C在元素符号里代表碳元素,就像S—C钢材表示它是碳素钢。但在合金钢牌号里C表示Cr元素。例如,SNC是含有镍N(Ni)和铬C(Cr)元素的合金钢。但铬钢的牌号确是SCr。

在这些合金钢中,还有淬火后使用的"保证淬火性能的结构用合金钢"。它的牌号

要在后面缀上H(是淬火性hardenability的H),所以也叫H钢。这种H钢和单独的合金钢在成分上有所不同,而这种看不见的成分对读者来说无关紧要,要想了解详情,请看JIS标准。

这些合金钢一般比碳素钢硬度高,韧性大,只要切削就可以知道。若在工作传票上见到合金钢牌号的材料,一定要注意它的切削速度。只是加工后一般都进行淬火处理,所以进行粗加工就可以。

还有因为它是结构用合金钢,所以它的锻件和铸件比较多。

在合金钢里用量较大的材料是铬钢SCr。因为铬的价格便宜,而且日本国内也出产。其次是加了钼(Mo)的铬钼钢SCM,经常把

▲ SCr4 钳子

它叫做高强度钢，它的抗拉强度高，在同等强度下它最容易制造。

加了锰的锰钢SMn，其中追加了铬的SMnC等种类的合金钢也在增加。

镍系里有镍铬钢SNC，还有追加了钼的镍铬钼钢SNCM。但因镍的价格高，而且在日本国内出产较少，所以只用于个别地方。高级冰镐就是用SNCM合金钢制造的。对严冬下使用的工具来讲，低温脆性（见第50页）是很大问题，而SNCM钢即使在零下40℃以下的温度下也不像碳素钢那样变脆，即耐低温性好。

这些合金钢制造方法也有标准。即：材料要使用镇静钢（见第92页），锻造成形比要大于4S等等。

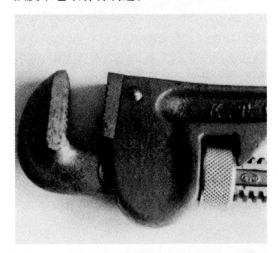

▲ SCM3 管钳子的夹头

▲ SCr21 SNC 卡盘

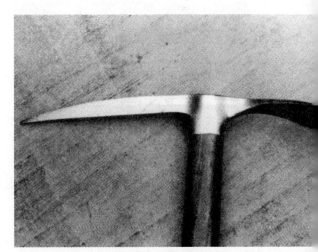

▲ SNCM 冰镐

111

碳素工具钢和合金工具钢

工具钢在JIS里有碳素工具钢、合金工具钢和高速工具钢这3种。高速工具钢将在第114页叙述。

作为工具钢，要满足强度高、韧性大的条件。要达到强度高、韧性大的目的，首先要增加材料的含碳量。因而把含碳量提高到比S-C钢材（见第96页）还高（碳的质量分数大于0.6%），这就是碳素工具钢SK。它在JIS里按碳的质量分数在0.6%～1.5%的范围内划分成7种。含碳量越高，淬火硬度也越高。SK1～SK3的硬度与第114页的高速钢相当。因此，按理说用它制作切削工具完全够用，但现在顶多用来制作手工工具锉之类而已。

这是因为碳素工具钢不耐热，一旦超过200℃，它就会快速退火。因此，用它制作切削加工用的切削工具是完全不可能的。但因其组织中的渗碳体（Fe_3C）很细小，所以加工表面很漂亮。

为了补偿碳素工具钢耐热性差的弱点，按不同的目的，如：耐冲击、热处理时不易变形等等，在碳素工具钢里加入了各种合金元素，这就是合金工具钢。

JIS里合金工具钢有SKS、SKD、SKT等

▲ SK5 螺栓剪的刃口

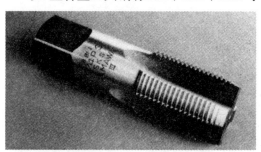

▲ SKS2 管螺纹丝锥

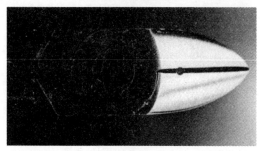

▲ SK7 剪钳刃口

▲ SKS3 塞规

牌号。它还保留着以前的牌号，第一个字母S表示钢（steel）的S，第二个字母K表示工具（kogu）的K，即SK代表工具钢。最后的字母S表示特殊（special）的S，以前曾有过特殊工具钢这一牌号。字母D表示模具（die）的D,曾有过模具钢这一牌号。字母T表示锻造（tanzo）的T。

合金工具钢的用途大致可分成4种。第一种为量具刃具钢，主要性能是硬度高。为了使其比SK耐高温或提高其耐磨性，添加了铬（Cr）、钨（W）、钒（V）等合金元素。SKS1、SKS11、SKS2、SKS21、SKS5、SKS51、

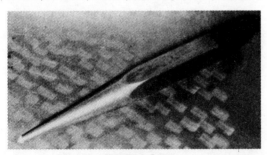

▲ SKS4 冲子

▲ SKS8 组合锉

SKS7、SKS8等都属于它。SKS5、SKS51用于木工用圆盘锯和锯条的制造，SKS7用于钳工工具，SKS8用于组合锉的制造。

耐冲击用钢有SKS4、SKS41、SKS42、SKS43、SKS44等种类，用于制造钢钎和冲子等。

冷作模具钢里有：用于制造检具（为防变形而油淬）、冲裁模的SKS3、SKS31，即使油淬也可得到足够硬度的SKS93、SKS94、SKS95等。冷拔加工（见第72页）模具用钢有SKD1、SKD11、SKD2、SKD12等。这种SKD钢，它的含铬量极高，所以在常温下具有特别高的耐磨性。

热作模具钢里有用于制造压铸型及热挤压（见第73页）模具的SKD4、SKD5、SKD6、SKD61、SKD62和热锻模用SKT。这种SKD钢硬度虽然不高，但其硬度在高温下却不下降。SKT当然把韧性作为主要指标。

与此相关的详细化学成分及热处理条件请阅读JIS标准。

▲ SKD4 热挤压成形用模具

113

高速工具钢

在JIS里叫做高速工具钢。所谓高速就是指切削速度比常用的碳素工具钢（见第112页的SKS）还要高。其牌号SKH的字母H表示高速（high speed）的H。

与碳素工具钢不同，高速工具钢被切屑摩擦的刃部能够耐住600℃左右的高温。在1900年的法国国际博览会上首次展出并进行了现场演练，这在历史上很有名。高速工具钢分为钨（W）系列和钼（Mo）系列。为

保证高温下的硬度，往碳素钢里加入了质量分数为18%的钨（W），质量分数为4%的铬（Cr）和质量分数为1%的钒（V），这是高速工具钢的标准，称作18-4-1高速工具钢。这就是SKH2，是高速工具钢2，是很早以前就开始常用的材料。

在此基础上加入钴元素，从而提高了硬度的钢就是SKH3、SKH4、SKH5、SKH10。

▲ SKH3 铣刀

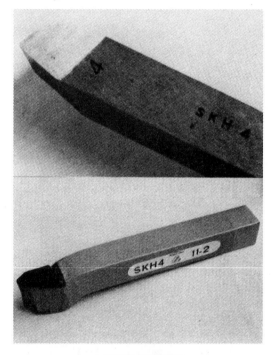

▲ SKH4 切削刀具

在地球上，钨主要分布在中国。因而在之前的战争中疲于收集钨的美国，用盛产于本国的钼代替了钨。因为他们认识到了钼是钨的同类，而且钨的效果只抵钼的一半。之后，日本也用钼代替了钨。

钼系列在JIS里的牌号有SKH9和SKH52以下的50系列，钼系列虽然改成了50系列，但之前就有的SKH9，因其评价较高，所以牌号被保留了下来。

▲ SKH9 钻头

▼ 高速工具钢所含合金元素的作用

高温硬度	W、Mo、Co、V、Cr、Mn
耐磨性	V、W、Mo、Cr、Mn
淬火性	Mn、Mo、Cr、Si、Ni、V
抑制变形	Mo、Cr、Mn
韧性	V、W、Mo、Mn、Cr

在这两种系列中，钨系列因在高温下硬度高，所以用来制造切削刀具；钼系列因有韧性耐冲击，所以用来制造在孔内折断就很麻烦的钻头。

热处理（淬火和回火）温度高是高速工具钢的特点。SK、SKS、SKD、SKT的淬火温度为700℃～900℃，而高速工具钢则为1300℃左右。SK、SKS的回火温度约为200℃，而高速工具钢则约为600℃。

在这里介绍一下高速工具钢各种元素的作用。

高速工具钢的硬度基本由其含碳量决定。大部分钨、钼、钒及一部分铬和碳相结合，形成碳化物。因为这种碳化物的硬度远比碳素钢中的碳化物 Fe_3C（见第56页的渗碳体）和马氏体高，所以提高了高速工具钢的耐磨性。

SKH2和SK2的硬度几乎一样，但它们的耐磨性差异达到4:1左右。

115

不　锈　钢

　　不锈钢（Stainless steel）按文字来讲，就是在 stain（弄脏、脏）后面加了 less（不），表示"不弄脏、不脏"的意识。铁生锈了，就是脏了。相对于铁，不锈钢到什么时候也不变脏（不生锈）。不锈钢的牌号是 SUS，是由 steel 的 S，specil use 的 U，stainlees 的 S 构成。

　　不锈钢按成分可分成 3 种。即：13 铬不锈钢、18 铬不锈钢、18-8 不锈钢。数字分别代表钢的含铬量，而 18-8 表示铬的质量分数为 18%、镍的质量分数为 8%。可以说由前到后三个牌号不锈钢的特点为：便宜、一般、贵重。它们碳的质量分数极少，大概只有 0.1% 以下。

　　按其组织状态来说，13 铬不锈钢是马氏体型、18 铬不锈钢是铁素体型、18-8 不锈钢是奥氏体型，而且越往后防锈能力越强。但按强度来说，马氏体型最高，其次是铁素体型，奥氏体型最弱。

　　以上是对不锈钢的很粗略的划分，外行很难区分它们。但有很简单的区分方法，13 铬不锈钢和 18 铬不锈钢会被磁石吸引，而 18-8 不锈钢则不会。

　　但是，不锈钢的种类增加到了粗略划分法无法适用的程度。例如，有可以淬硬的，有可以渗碳和渗氮的，有可以固溶处理的，有快速加工性的，有提高了耐蚀性、耐热性和可焊性的等等。为了对应这种各种各样的要求，一点一点地改变不锈钢的化学成分，制造了具有不同用途的不锈钢材料，这些数都数不清的材料很多都已实现标准化，详情请看 JIS 标准。

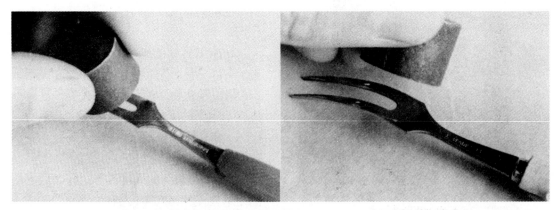

▲ 13 铬和 18 铬不锈钢（左）会被磁石吸引，但 18-8 不锈钢（右）则不会

▲化工设备（左）和天然液化气（LNG）罐（右）也是用不锈钢制造的

在JIS里，现在已经按照美国标准用3位数（原标准为2位数）来表示不锈钢种类的特性。机械工厂内最常见的不锈钢是SUS304，但它的原牌号曾是SUS27。

不锈钢的用途很广，除了用它制造钣金制件之外，现在用棒材进行切削加工的零件也越来越多。

不锈钢具有良好的塑性和韧性，但容易产生加工硬化（见第62页）现象。若把这种加工硬化误解成高硬度，从而减小切削时的背吃刀量和进给量，会造成始终在切削加工硬化的部分容易损伤切削刀具的刃部。但只要加大背吃刀量和进给量，不锈钢决不难切削。

117

弹 簧 钢

弹簧按成形方法分为热成形和冷成形两种；按其形状可分为线形弹簧、板形弹簧、涡形弹簧、蝶形弹簧、笋形弹簧，甚至还有没名的，总之有很多种弹簧。

弹簧钢就是用来制造弹簧的钢材，冷成形一般使用线材和板材。JIS 里的线材有硬钢线 SW、钢琴线 SPW、弹簧用碳素钢油阻尼器线 SWO、弹簧用不锈钢线 SUS302、SUS304、SUS316、SUS631Ji 等。

直截了当地说，弹簧钢其实是指热成形的弹簧用钢，而且在 JIS 里的牌号为 SUP。

热成形弹簧成形后需要进行热处理，因为可以做到大尺寸，所以有时需要进行机械加工。

在 JIS 里 SUP3 是叠形板簧用钢，SUP4 是线形弹簧用钢。两者虽然都是高碳素钢，但 SUP4 的用量较大，而它们的尺寸一变大，淬火就较困难。因此，才有提高了其淬火性的特殊钢 SUP6、SUP7（硅锰钢）和 SUP9（锰铬钢）。

而作为高级大型弹簧用钢，还有高抗扭性铬钒钢 SUP10 和锰铬硼钢 SUP11 等。

▲ SUP3 叠形板簧

▲ SUP4 线形弹簧

▲ SUP6 扭力杆

118

轴　承　钢

它是轴承用钢材。这个轴承是指滚动轴承（包括滚珠轴承和滚柱轴承）。

滚动轴承的必要条件是高硬度高耐磨。而它又是无处不用的最基本的机械零件，所以成本必需要低，因此轴承钢不可能添加使造价变高的元素。

在JIS里把它称为高碳铬轴承钢，牌号为USJ。U是use的U，J是journal（固定轴承的部位）的J。

轴承钢的特别之处在于，它是对电炉内的液态钢实施了真空处理的镇静钢。因此铬在组织中形成了颗粒细小而弥散分布的碳化物。有时还进行以球状化为目的的退火处理。

小尺寸的钢球、钢柱和套圈用SUJ1和SUJ2来制造，中等尺寸的用SUJ3来制造，而大尺寸的用因添加钼而提高了淬火性的SUJ4和SUJ5来制造。

它还有几项其他材料所不需要的很详细的试验标准，如：铬碳化物的显微镜组织试验。

▲ SUJ1 小尺寸的钢柱毛坯

▲ SUJ2 弹簧夹头

▲ SUJ4 大尺寸的套圈毛坯

119

耐热钢和耐蚀钢

如第112页所述，在常温下强度很高的材料到了高温就不一定了。那么，耐热到底指什么呢？一是即使到了高温，材料的强度也不变低；二是材料的表面很稳定，不随环境的变化而发生变化。因为随着温度的上升，普通材料容易和空气中的氧结合而造成尺寸发生变化，使表面粗糙度值变粗。

因此，在某一范围内高速工具钢也属于耐热钢，按材料表面的稳定性来讲，不锈钢SUS304、SUS405、SUS403、SUS630等都属于耐热钢。其实，JIS里的耐热钢已包含了这些SUS钢。耐热钢的牌号为SUH。早就被人们所熟知的耐热钢有用来制造汽车发动机气门的SUH1、SUH3、SUH4等。它们属于马氏体系，是难切削材料的典型代表。因为它们很硬，所以可加工性差，一般是在700℃以下使用。

SUH446耐热钢是铁素体系的典型材料，以表面稳定性为主要目标，用来制造内燃机的排气管。

奥氏体系和马氏体系相比，在恶劣工作条件下的适用性更强。用来制造汽车发动机排气阀的有SUH31、SUH35、SUH36、SUH37、SUH38等。还有，300系列的耐热钢用来制造工作温度1150℃以下的耐氧化零件和工作温度750℃以下的涡轮机叶片。

燃气轮机和喷气发动机用的零件需要更高的耐热性和耐蚀性，这种材料称为耐蚀耐热超合金，牌号为NCF,其中N指镍（Ni）、C指钴（Co）、F指铁（Fe）。又称为超耐热合金，它已不属于钢了。

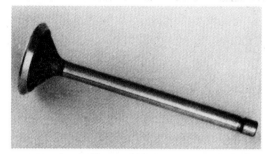

▲ SUH31 汽车发动机排气阀（左边的材质是SUH31，右边的材质是 SUH3）

▲ SUH300 船舶用蒸汽涡轮机

▲ NCF 喷气发动机

易切削钢

易切削钢这个名称对于曾经碰到过很难切削的材料的人来说是很有吸引力的。它是在S-C钢材中添加了硫（S）、磷（P）、铅（Pb）等元素，使其易于切削的材料。它的牌号为SUM。

易切削的特征是什么呢？即在同等条件下进行切削时，有延长刀具的使用寿命、易于处理切屑、容易保证零件的加工尺寸等特点。这些就是所添加元素发挥的作用。

硫的作用就是：与锰化合生成硫化锰并弥散分布，犹如在材料内部形成了空洞，从而降低了切削阻力。

铅以细小球状形式弥散分布在材料内，与硫一样对材料起脆化作用，并进入到切屑和刀具的缝隙中，被切削热熔化后起润滑作用。

磷也和硫一样起脆化材料的作用。一般情况下当作有害物质极力降低它的含量，但在部分易切削钢中则是有意添加的。

硫、铅、磷元素在材料里的含量在JIS里已有规定。还有特殊钢厂自制的材料，例如在含硫易切削钢中添加铅（Pb）和碲（Te）元素的超级易切削钢；添加了钙（Ca）元素的含钙易切削钢等等。

特别是含钙易切削钢作为含铅易切削钢的替代物正处于快速普及当中。

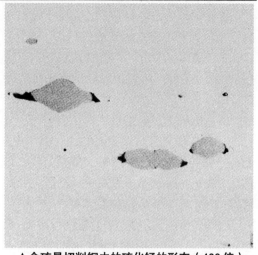

▲含硫易切削钢中的硫化锰的形态（400倍）

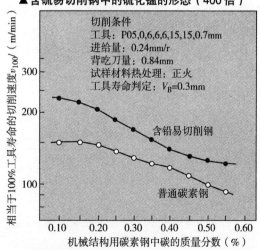

切削条件
工具：P05,0,6,6,6,15,15,0.7mm
进给量：0.24mm/r
背吃刀量：0.84mm
试样材料热处理：正火
工具寿命判定：$V_B = 0.3mm$

含铅易切削钢

普通碳素钢

相当于100%工具寿命的切削速度v_{100}/（m/min）

机械结构用碳素钢中碳的质量分数（%）

▲对碳的质量分数为0.1%～0.55%的机械结构用碳素钢和以它为基础的含铅易切削钢进行机械加工时的刀具使用寿命的对比图。从图中可以看出：加工易切削钢时的刀具使用寿命是普通碳素钢的大约1.4倍

121

磁 性 钢

虽然统称为磁性材料，但可细分为永久磁铁用材料和电磁铁用铁心材料。

永久磁铁又可分为铸造磁铁和烧结磁铁两种。顾名思义，用铸造和烧结方法制造磁铁。

铸造磁铁的材料俗称铝镍钴磁合金，其标准成分（质量分数）为：8%的 Al、14%的 Ni、24%的 Co、3%的 Cu、其余为铁，名称就是按它的主要成分起的。对铸造成形的铸件进行磨削加工制造磁铁零件。

烧结磁铁的主要成分有：$BaO \cdot 6Fe_2O_3$ 和 $SrO \cdot 6Fe_2O_3$，俗称铁磁铁和陶瓷磁铁。虽然不是特殊钢，但习惯上把铝镍钴磁合金俗称为 MK钢，因此把它作为磁铁材料列在了本章节。

电磁铁的铁心用材料一般叫做硅钢片。在 JIS 里按材料形状称为硅钢带。有的厂家叫做电磁钢板。

磁铁材料的性能要求是始终保持磁性。而电磁铁的铁心用材料正好与此相反，它的性能要求是随着外部条件的变化，即流向线圈的电流的断续做出快速反应，有时有磁性，有时无磁性。

一般把冲裁后的硅钢片叠加起来，然后用做变压器和电机的铁心。

这种铁心是往碳的质量分数低于0.02%的纯铁里添加质量分数为4%的硅（Si）元素制成的，因成分和制造方法属于秘密，所以在 JIS 里也只规定了材料的磁性特性而已。

▲扬声器用的铸造磁铁

▲烧结磁铁

▲冲裁硅钢片制得的变压器用铁心

铸铁

灰铸铁（见第128页）

什么是**铸铁**

▲铸造用生铁，俗称铸锭

▲作为燃料的焦炭

把高炉内的铁液倒入炼铁铸型内制作出来的就是生铁（见第88页）。这个生铁分为炼钢生铁和铸造生铁。

铸造生铁分为灰铸铁件用（第一种）生铁、可锻铸铁件用（第二种）生铁、球墨铸铁件用（第三种）生铁，再根据质量分成若干不同的种类。因为它们是作为铸造工厂的原材料从炼铁厂采购进来的，所以在这里不再详述。

生铁、○○生铁、铸铁，这三者的关系较为复杂，在此有必要重新理顺一下：生铁（包括○○生铁）是铸铁的原材料；重新熔化生铁并注入到铸型内制成带有形状的产品，这种状态就是铸铁，而这个铸铁产品就是铸件。因此，一般把同一成分的"铁"，在第一阶段就称为生铁，第二个阶段就称为○○生铁（从它开始就有JIS标准），最终阶段就称为铸件。而在英语里"铁"是iron，铸铁是cast iron，铸件是iron cas-ting，JIS标准也是如此规定的。还有，铸造用生铁（铸锭）的英文是pig iron。

与铸铁的话题必定相连的就是冲天炉（cupola），直译为化铁炉，一般就叫做冲天炉。用冲天炉熔化铸锭，燃料就用焦炭。

铸铁有以下种类：

```
           ┌灰铸铁 ┬片状石墨铸铁（灰铸铁）
           │      └球墨铸铁
铸铁 ┤
           │      ┌黑心可锻铸铁
           └白口铸铁┼珠光体可锻铸铁
                   └白口可锻铸铁
```

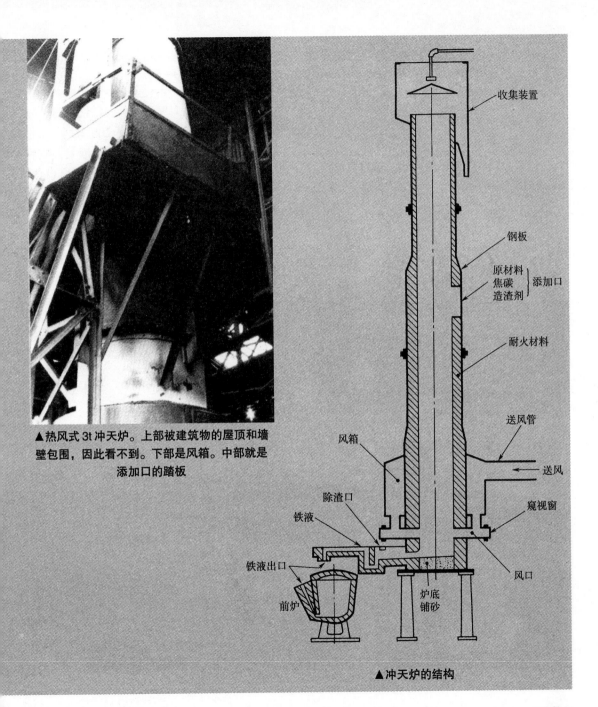

▲热风式 3t 冲天炉。上部被建筑物的屋顶和墙壁包围，因此看不到。下部是风箱。中部就是添加口的踏板

收集装置

钢板

原材料
焦碳
造渣剂 ⎬ 添加口

耐火材料

送风管

送风

窥视窗

风口

风箱

除渣口

铁液

铁液出口

前炉

炉底
铺砂

▲冲天炉的结构

铸铁的特性

　　"又硬又脆"是对铸铁的普遍认识。硬就变脆是理所当然的事，但从人们的感觉来讲，说成"虽硬但脆"更恰如其分。

　　但是，"铸铁硬"的认识来源于铸铁耐磨。铸铁内被析出的石墨起润滑作用，因此很耐磨。所以，人们认为它很结实、很硬。

　　在JIS的FC（灰铸铁）力学性能这一项里，硬度按布氏硬度列出了200系列，若把这个硬度值换算成钢的洛氏硬度C，则在H_RC30以下。这种硬度一般不做硬度试验，它不是硬度试验的对象。而且在JIS里特意注明"……在没有客户特别要求的情况下，

铸铁的减振性最适合用于制造机床和测量仪器

▲磨床床身

▲金属块

▲检测平台

126

不进行硬度试验。"

下面是铸铁的脆性。析出石墨的部分因铁素体在此已被切断，所以铸铁很脆。但是，就像铸铁牌号FC○○一样，用抗拉强度的最低值来表述它的性能，这很难理解。

一般以抗拉强度为主要指标的地方不使用FC，因此还是有必要了解铸铁的韧性。为此，对铸铁进行抗弯试验（见第42页）。如同其文字，弯一弯看看。用试验所施加的载荷和折断时的弯曲量来进行评价。一般情况下，铸铁牌号FC○○中的数字越大，即抗拉强度越大，铸铁的抗弯性越强，这是毋庸置疑的。铸铁的布氏硬度变化也是如此。但它们的变化不成正比。而且，因抗拉强度试验用的铸铁试片和钢材试片也不一样，所以，这两种试验及其数据没有可比性。FC20的抗拉强度并非是SS41的一半。

敲打铸件容易引起铸件的开裂、折断、掉渣现象，因此，不能敲打铸件。所以，人们就认为铸件具有脆性。

但铸铁还有一个与钢材完全不同的很重要的特性，这就是所谓的减振性，即敲打铸件时，它具有吸收振动的性能。

举个例子。若把某种零件放到铸铁平台上，就会听到"咕咚"或"咔嗒"之类的短

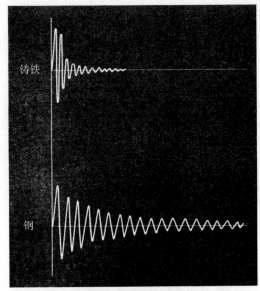

▲铸铁和钢的振动对比

促响声。若把零件放到硬钢板上，就会听到"铮—"的带有回音的声音。这说明钢板的振动会传递很远。

利用它的这种能够吸收振动的特性，最适合用它来制造怕振动的机床和测量仪器等的本体。还有，铸铁具有良好的润滑作用，而且它具有一次可以成形复杂形状零件的特点，因此用它制造上述零件是无可挑剔的，也适合于制造在其上面使用平面规和V形垫块的检测平台。

灰铸铁

▲灰铸铁的片状石墨

铁碳合金中的碳与渗碳体相比，以石墨形式存在的更多，而它的断口呈灰色。灰铸铁的名称就来源于此。这个石墨大多呈片状，所以也称为片状石墨铸铁。

灰铸铁的 JIS 牌号以 FC〇〇表示，F 是铁素体 ferrite 的 F，C 是 casting 的 C，后面缀上的两位数字就表示它的抗拉强度的最低值。从 FC10 开始到 FC35 之间以 5 为间隔单位，在 JIS 里有 6 个种类。

但是，因壁厚的差异，铸件的冷却状态也随之变化，所以这个抗拉强度归根结底只不过是用标准试样做出的试验数值而已，它

并不代表零件的抗拉强度。

铸铁在 JIS 标准里虽然没有规定其成分，但碳的质量分数约为 3%。第 88 页生铁中的第一种铸造用生铁（用于制造灰铸铁零件）碳的质量分数高于 3.30%。

碳元素（C）在钢内以渗碳体（金属化合物）的形式存在。而在铸件中，因含碳量较高，一部分以渗碳体的形式存在，而大部分以石墨的形式存在，把这种现象叫做析出。这个被析出的石墨形状就如同蚯蚓般细而长。这个石墨当然不是金属，但它起很特殊的作用。

铸造（见第 84 页）可以一次成形复杂形状的零件，而且因铸铁具有如第 126 页所述的特性，所以铸铁被广泛应用于以机械本体为主的很多零件的制造上。但很多时候觉得一般铸铁的强度稍有不足、韧性还需要增加一点。符合这种要求的铸铁就是 FC30、FC35。它的抗拉强度较高，把它们叫做高韧性铸铁。

美国的 G.. E. Meehan 研究出来的孕育铸铁几乎就是它的代名词。它的区别在于铸铁的珠光体组织含量高。这种铸铁可以进行淬火处理，所以也把它称作高级铸铁。

最普遍使用的 FC15 和 FC20 铸铁的组

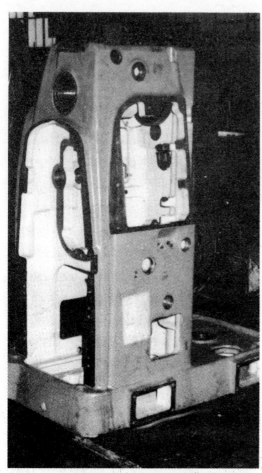

▲使用铸铁材料制造铣床立柱

织是：铁素体基体+石墨+极少一部分渗碳体。而FC30和FC35铸铁的组织是：珠光体基体+石墨，不仅成分配比及冷却方式发生了变化，而且石墨的形状也发生了变化，变得短粗胖，这种铸铁即使壁厚有所差异，但对铸件的力学性能也不会产生太大的影响。

▲从火车制动片可以看到浇注口的痕迹

球墨铸铁

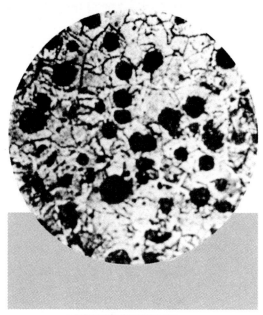

▲球墨铸铁的球状石墨

灰铸铁的石墨呈片状，而球墨铸铁的石墨如其名呈球状。球墨铸铁一般叫做ductile铸铁，有时也叫做nodular铸铁。ductile有"容易延伸的、柔软的"意思，nodular有"块状的"意思。

球墨铸铁的牌号以FCD○○表示，D就是ductile的D，缀在后面的两位数字代表球墨铸铁的抗拉强度，这和SS、FC是相同的。在JIS标准里从FCD40到FCD70之间共分出5个牌号。

相对于片状石墨铸铁几乎没有延伸性，球墨铸铁则具有延伸性。有延伸性就是说明它具有韧性，因此理所当然它属于高韧性铸铁。

片状石墨会引起灰铸铁的脆性，与此相反，球状石墨将继续保持铁素体基体或珠光体基体原有的性质。因此，在JIS标准的力学性能里，增加了灰铸铁所没有的伸长率一栏，取消了抗弯试验的评价一栏。

也就是说，它不易折断，像钢材一样具有延伸性。它的拉伸试验用试样也与钢材相同。灰铸铁的牌号是FC10~FC35，球墨铸铁的牌号是FCD40~FCD70，虽然从数值上看是连续的，但它们不存在比例关系。

总体上可以认为球墨铸铁具有和钢材大致相同的抗拉强度。还有，在JIS标准里作为参考列出了H_B121~H_B321的布氏硬度，并按一定的间隔范围把它分成了5个种类。只看其硬度，既有比灰铸铁柔软的FCD40~FCD50，也有硬度值超过H_B300的FCD70。

FCD40、FCD45、FCD50是球墨铸铁的前3种，它们的基体组织是铁素体；FCD60、

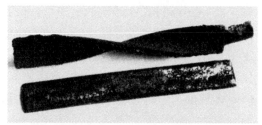

▲扭曲球墨铸铁试样（下）时，试片并不折断（上）

▲用球墨铸铁制造的轧辊

▲用作水管的直径为500mm的球墨铸铁管

FCD70是第4种、第5种，它们的基体组织是珠光体，而且可以对它进行热处理。

球墨铸铁是通过对铁液的球化处理获得的。在球墨铸铁生产中能使石墨结晶成球状的物质称为球化剂。将球化剂加入铁液的处理称为球化处理。目前最常用的球化剂是镁（Mg）。这个镁的添加方法虽有很多技术性的

▲球墨铸铁的切屑卷曲成这样

东西，但它有时也起白口化作用。切削加工时一旦碰到白口组织，就会损坏刀具。

球墨铸铁的切屑与灰铸铁不同，它是卷曲的。这是由于球墨铸铁是具有延伸性的缘故。

现在使用量最大的是作为水管用的球墨铸铁管。因为可以做成薄壁，所以可以实现轻量化。球墨铸铁水管是通过离心铸造制成的，球墨铸铁还可用于制造轧辊。

不管怎么说，具有高韧性的球墨铸铁比灰铁的硬度高，而且抗拉强度也高。因此，它很适合制造受力很大的机械零件，而且它的使用率将来还会变高，特别是它极其有利于制造像液压缸一样的大型零件。

可锻铸铁

铸铁不耐冲击和敲打，一敲打就会裂，这是常识。但是，可锻铸铁就不怕敲打。可锻一词是英文malleable的译文。虽然称为可锻，但实际上可锻铸铁并不能锻造。请把它理解成即使敲打它,它也不会马上折断或开裂就可以了。

可锻铸铁分为黑心可锻铸铁和白心可锻铸铁两种。它们的牌号分别用FCMB和FCMW后附抗拉强度（用两位数）来表示。其中，B是black heart（黑心）的B,W是white heart（白心）的W,M是malleable（可锻）的M。

可锻铸铁的原材料是第二种铸造生铁。首先用它制造白口铸铁。所谓白口铸铁，就是通过快速冷却铁液而获得的铸铁，其中碳全都以渗碳体的形式存在，而没有石墨。

与白口铸铁相对应的灰口铸铁，它是缓慢冷却铁液，使碳石墨化而得到的铸铁。

为了提高铸铁的韧性，对白口铸铁进行退火处理，把渗碳体全部转化成铁素体和石墨，这就是黑心可锻铸铁。因石墨以点状形式分布在铁素体基体上，所以其断面呈黑色。

与此相对应，白口可锻铸铁是通过对白口铸铁表面进行脱碳处理，从而使其获得韧性的铸铁，它的断面呈白色。

比较一下黑心可锻铸铁和白心可锻铸铁：白心可锻铸铁的抗拉强度高于黑心可锻铸铁。而且，白心可锻铸铁除了标准型FCMW34（第一种）和FCMW38（第二种）之外，还有抗拉强度更高的称为珠光体型的FCMWP45～FCMWP55（第三种～第五种）可锻铸铁。

白心可锻铸铁因为对其表面进行过脱碳处理，所以表面呈铁素体组织，变得和软钢一样，但因其内部还是珠光体基体，所以硬度保持不变。

在日本国内主要使用黑心可锻铸铁，很少使用白心可锻铸铁。

黑心可锻铸铁是把白口铸铁内的碳都转化成了石墨，把基体转化成了有延伸性的铁素体。而珠光体基体可锻铸铁是把白口铸铁中的渗碳体细化分解，把基体转化成了珠光体。

珠光体可锻铸铁因为其基体是珠光体，所以和钢一样，可以对它进行淬火、回火处理。而且其组织内还有与灰铸铁片状石墨不同的块状石墨，所以耐磨性也很高。

把珠光体可锻铸铁的抗拉强度45~70kgf/mm²划分成5种类。它的抗拉强度最起码比SS钢材（见第94页）高，与热处理过的S-C钢材（见第96页）相当。

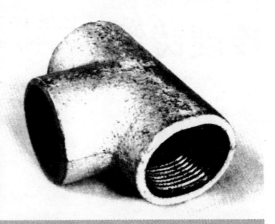

▲到处都有的用黑心可锻铸铁（FCMB）制造的管接头　　▲可锻铸铁韧性高，敲打变形成这样也不裂

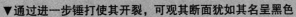

▼通过进一步锤打使其开裂，可观其断面犹如其名呈黑色

冷硬铸铁

冷硬铸铁铸件也叫chilled铸件。chilled就是"冷却"的意识。那么，对什么进行冷却了呢？那就是对用金属制造的模具进行冷却。然后再往金属模具里注入铁液，使铁液急速冷却，使其成形为铸件，把这种铸件叫做冷硬铸铁铸件。

虽是同样的生铁，但缓慢冷却就会变成灰铸铁，急速冷却就会变成白口铸铁。而冷硬铸铁是通过金属模具只急速冷却铁液的一部分（一般为表面）。这样，只有被急冷的部位变成白口铸铁组织，所以硬度变得很高，而内部当然还是灰铸铁组织。

通过金属模具只提高外周的硬度，像车轮、滚子一样的圆形物体是最容易实现的，而且其实用效果也最佳。所以，经常应用这种方法制造这类零件。特别像矿车类的车轮，可以把与铁轨接触的面作为铸造时的拔模型面就很容易制造它。

冷硬铸铁滚子被用于高温轧制。

相对于普通铸铁，强度比它稍高一点的是高级铸铁（高韧性铸铁），再高一点的是球墨铸铁。而这种冷硬铸铁只进一步加强了其表面硬度。只要用锤子锤打同等大小而不同材质的铸铁，就能很清楚地判断其声音的差别。

即使对FCD70的外周进行高频感应加热淬火，其硬化层也只有1~2mm，而冷硬铸铁的硬化层可达到15~25mm。硬度越高，其发出的声音也越高、越清脆。

▲这是冷硬铸铁的切屑

▲这是矿车的车轮。用冷却的金属模具把与铁轨接触面处做成了冷硬铸铁

▲左侧是待用的不同尺寸的冷硬铸铁滚子的金属模具。右侧是制作出来的滚子，还可以看到模具的衔接印

非铁金属

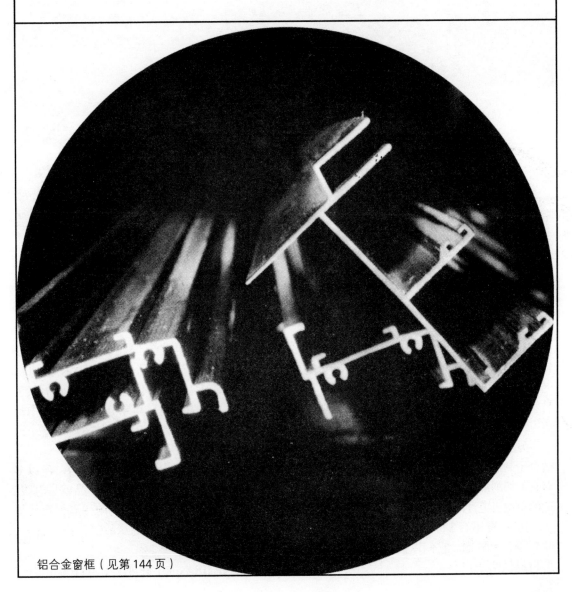

铝合金窗框（见第 144 页）

◀这是汽车的四缸发动机的密封
铜垫板，它的材质为磷脱氧铜

铜

从古时候开始，铜就是与人类的生活密切相关的金属。铜具有几种优异的性质，如：电阻小，导电性好；导热性及耐蚀性好；容易塑性加工等。特别是它的导电性好，因此目前广泛应用于与电相关的领域。

另外，因为它既软且延展性又好，所以不适合于制造机械零件，在机械工厂也很难见到对它的切削加工。只是对很难通过塑性加工制造的重型机电产品的零件进行切削加工而已。

JIS标准里有3种铜材料，即：纯铜、磷脱氧铜、无氧铜。它们以板、棒、线、管等形材提供给用户。

纯铜也叫电解铜。通过电解炼制的纯铜无法避免电解过程中所产生的氢存在于铜中。为了去除氢，再度熔化它并往里吹入氧气进行精炼。而为了提高其导电性，可在铜中特意留下了质量分数为0.03%的氧。而这个道理很复杂，在此不再详述。

不管怎么说，因为它的导电性好，所以多用作电器材料。最具代表性的产品就是电线。

对它进行切削加工，它的切屑很容易折断，这是因为它含氧的缘故。但由于含氧，它的焊接性能很差。

它在JIS标准中的牌号是C1100。

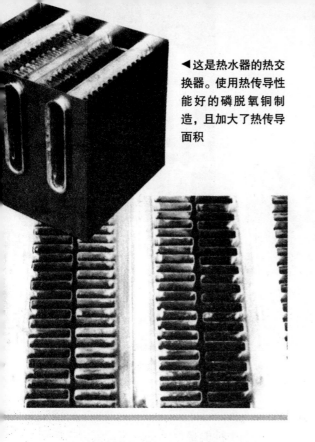

◀这是热水器的热交换器。使用热传导性能好的磷脱氧铜制造，且加大了热传导面积

▲刀开关的材质是纯铜C1100P

▲裸铜线连接用套管的材质是C1100T

磷脱氧铜是用磷从纯铜内把氧去除后得到的铜。随着含氧量的下降，它的焊接性能虽然有所提高，但它的导电性却下降了10%～15%，所以它不能用于电气领域。由于它在高温下不像纯铜那样变软，所以用在以传导热能为主的地方。由于它的切屑不易折断，所以对它很难进行切削加工。

它在JIS标准中的牌号是C1200系列，按含磷量可分为：C1201、C1220、C1221等。

无氧铜含氧量更少。因为它的纯度达到了99.99%，所以它的所有性能都有所提高。它被应用于电子和化学领域。

它在JIS标准中的牌号是C1020。

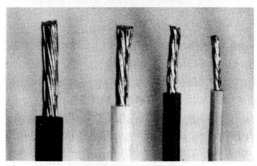

▲这种股线的材质是C1100W

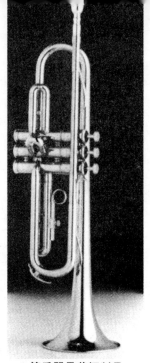

▲巨型油轮的推进器是用强力黄铜 HBsC1 制造的　　　　　▲管乐器是黄铜制品

黄铜

　　在纯铜里加锌元素就可得到黄铜,黄铜的英文为 brass。管乐器几乎都是用黄铜制造的。

　　黄铜是指以铜为基体,锌为主要添加元素的铜合金。铜和锌的合金呈黄色,所以叫做黄铜。根据铜和锌的比例,黄铜可以分成七三黄铜或六四黄铜等很多种。JIS 里的棒材按铜的质量分数可分为 70% 的 C2600B、质量分数为 65% 的 C2700B、质量分数为 60% 的 C2800B 等三种。黄铜铸件有 YBsC1、YBsC2、YBsC3 等三种牌号。

　　黄铜虽然是纯铜和锌的合金,但合金的硬度比哪一种都高,它的伸长率会急剧变小,抗拉强度会变大。

　　黄铜中性能最好的是六四黄铜,它特别适合于制造机械零件。在机械加工用的非铁金属材料中属黄铜最多。因为它的切屑容易折断,所以容易切削。而由于它的热膨胀率也大,因此容易造成因切削热引起的尺寸误差。

　　还有,黄铜因内部含有价格比铜便宜的锌元素,所以价格比纯铜低,而且熔点也比纯铜低,因此有利于用它铸造零件。还具有延展性好,不易生锈,目视感觉好的特点,所以它被广泛应用于机械零件以外的其他领域。

　　以上是在纯铜中加入锌元素的普通黄铜。此外,还有因添加其他元素而具有特殊性质的很多种特殊黄铜。例如:

138

▲手表用的冲裁齿轮的材质是 C3710P 易切削黄铜板

▲汽车散热器是用热传导性好的七三黄铜制造的

●易切削黄铜：就如同第121页的易切削钢一样，是向黄铜里添加质量分数为0.6%～3.0%的铅，使其变得容易切削的特殊黄铜。用它制造需要精密切削加工的齿轮之类的零件。但它的原材料只限于通过热轧、热挤压等简单制造工艺制造的六四黄铜。

它在 JIS 里有棒材 C3600 系列、板材 C3500 系列、冲裁性能特别好的用于制造手表齿轮的 C3710 系列牌号。它们的成分相互都稍有不同。

●海军黄铜(naval黄铜) 一般把它称作naval brass。英文 naval 就是"海军的"意思。它是把质量分数为0.5%～1.5%的锡加到六四黄铜后得到的特殊黄铜。加入锡后它具有在

容易腐蚀金属的海水中不易被腐蚀的特性。它是专门用来制造船舶用零件的材料。

把七三黄铜里添加锡的特殊黄铜称作 admiralty brass,就是"海军上将黄铜"。它在 JIS 里是 C4600 系列牌号。

●强力黄铜：它是在六四黄铜里加入铝、铁、锰、铅等元素后得到的特殊黄铜。添加元素后，提高了黄铜的抗拉强度和硬度。它在 JIS 里是 C6700 系列牌号，强力黄铜铸件的牌号是 HBsC。

●锻造用黄铜：它是在六四黄铜里加入铅、铁、锡等元素后得到的特殊黄铜。通过添加元素，它的热锻性和可加工性都得到了提高。它在 JIS 里是 C3700 系列牌号。

139

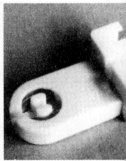

▲荧光灯插座的插接片
用磷青铜 C5210P 制

▲经常用磷青铜制造涡轮

青铜

　　黄铜是黄色的，所以青铜是青色，这种想法大错特错。像公园里的铜像大都呈暗绿色，因此认为它是用青铜做的，这种想法似乎正确，但这个青黑色并不是青铜的颜色，而是其表面的锈的颜色。青铜的颜色实际上接近黄色。

　　因古代大炮的炮身就是青铜铸件，所以青铜也叫炮铜。

　　现在把以铜为主要成分的铜锡合金称为青铜。而在金属技术远落后于现代的古代，曾把铜合金全部称作青铜，这是由于它们的外观都呈暗绿色的缘故。

　　在现在的 JIS 标准里叫做○○青铜的并不一定都是铜和锡的合金，它还包括不含锡的合金。JIS 把无法归类到铜和锌的合金即黄铜里的铜合金都归类到了青铜里。这种分类方法似乎又回到了从前。

●锡青铜：它实际上只能用于铸造，在 JIS 里

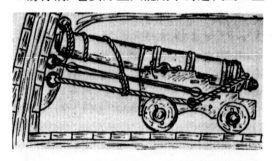

▲因为曾用青铜制造过炮身，所以把青铜称作炮铜

140

▲拧入式球阀的本体是 BC6 青铜

只有青铜铸件的标准。它还含有锌和铅元素。它的 JIS 牌号是 BC，按其化学成分分成几个牌号。

●磷青铜: 它是添加了质量分数为3%~9%的锡和质量分数为 0.03%~0.35%的磷的青铜。磷元素促进了金属液体流动性，同时提高了合金的硬度和抗拉强度。所以，多用磷青铜制造机械零件。它的规格有板、条、棒、线材。因为它硬度高，所以用它制造铸件较多，用青铜制造涡轮是最多的。而且因为它还具有适合做弹性材料的性质，以及具有良好的导电性，所以它被广泛应用于电器开关领域。

●易切削磷青铜：与钢、黄铜一样，添加铅元素后提高了合金的切削性能。

●铝青铜: 以质量分数为80%~90%的铜作为基体，除铝之外还添加了铁、镍、锰等元素，虽然叫做青铜，但它不含锡元素。它的抗拉强度和硬度均比磷青铜高，因此它正在逐渐被应用于机械零件的制造上。

●铅青铜：在 JIS 里有它的铸件标准。它是向锡青铜里添加大于含锡量的铅后得到的青铜，还含有镍元素。添加铅后提高了润滑性，因此大都用来制造轴承类的铸件。

●硅锌青铜：它在 JIS 里虽然属于青铜，但它不含锡元素。它是含有硅（silicon）和锌（zinc）元素的铸件用合金。因含锌量少，所以耐海水腐蚀。其强度也比海军黄铜高，所以它是制造船用零件的材料。有时叫它硅黄铜。

●硅青铜：它有无缝管的 JIS 标准。不含锌，但含铁和含锡元素，因此它是青铜。

141

▲ 容器用拉伸性能高和
光泽好的丹铜制造

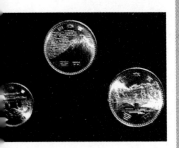

▲ 这种纪念"银币"是
用白铜制造的

▲ 晶体管罩是用洋白铜
制造的

▲ 保险丝夹子是用铍铜
制造的

其他铜合金

●丹铜：丹就是"赤"。这种颜色很难用语言表述，但它是相对于黄铜而言的。其化学成分：铜的质量分数为80%～95%，锌的质量分数为5%～20%，属于铜锌合金。因为铜的含量高，所以颜色接近于铜。又因其延展性大，所以用它的板材进行拉伸加工或用于制作装饰用具。

●白铜：它是铜镍合金，颜色呈白色。在JIS里有镍的质量分数为9%～33%的白铜板材和无缝管材的标准。它具有耐蚀性，特别耐海水腐蚀，还具有耐高温性。用它可以制造货币，如现在的100日元硬币就是用白铜制造的。统称"银币"的纪念硬币几乎都是白铜制品。

●洋白铜：在黄铜中添加质量分数为10%～20%的镍，减少相应数量的锌元素后得到的铜合金。其颜色与银相似，所以也叫做洋银。用它可以制造装饰品、餐具、乐器等。因它具有耐疲劳性和耐蚀性，所以还可以用它制造小型的机械零件。因此，它有易切削洋白铜的JIS标准。因它还具有弹性，所以还有作为弹簧材料的JIS标准。

●铍铜：在铜中添加质量分数为1.6%～2.0%的铍、镍、钴元素的铜合金。这种合金具有耐蚀性，热处理前易于切削加工，热处理（即时效硬化处理，一般在800℃进行淬火，350℃进行回火）后强度与特殊钢等同（100～150kg f/mm²），硬度可达 H_RC35～H_RC45 等特点，以外还具有较好的弹性和导电性，被用来制造机械零件和电气零件。

●铜合金的JIS标准牌号：

丹铜（板、条、线、管）	C2100、C2200、C2300、C2400 系列
白铜（板、管）	C7000、C7100 系列
洋白铜（板、条、棒、线）	C7300、C7400、C7500 系列
弹簧用洋白铜（板、条）	C7700 系列
易切削洋白铜（棒）	C7900 系列
铍铜（棒、线）	C1700 系列
弹簧用铍铜（板、条）	C1700 系列

铜和铜合金的牌号

在这里整理一下铜和铜合金的标准和名称之间的联系。

首先，其标准是按板、条、棒、线、管等不同形状制定的，而且包含了全部的铜和铜合金。有特殊用途的弹簧用铜、电子管用铜及有特殊形状的总线棒和焊接管另有其标准。

其次，是牌号。铜和铜合金的牌号均用英文铜copper的头一个字母C后缀上4位数表示。

第一位数字表示合金系列。例如：

1○○○	含铜量大的铜合金（铍铜）
2○○○	铜和锌的合金（丹铜、黄铜）
3○○○	铜和锌、铅的合金（含铅黄铜）
4○○○	铜和锌、锡的合金（含锡黄铜）
5○○○	铜和锡、磷的合金（磷青铜）
6○○○	铜和铝的合金（铝青铜）
7○○○	铜和镍的合金（白铜）
8○○○	铜和镍、锌合金（洋白铜）

第二位数字没有特殊的含义，只是用它来区分惯用名中的不同金属而已。例如：

C1020　　无氧铜
C1100　　纯铜
C1201　　磷脱氧铜

还有未加以区别的惯用名，例如：

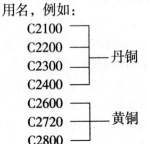

第三位数字是标准制定的顺序。因为整个标准遵循了美国的标准，所以，若和美国标准相同，那么它的第二、第三位数字也和第一位数字一样和美国标准相同。因此，日本标准里没有的就会缺少牌号。例如：

C3710P　易切削黄铜板
C3771B　锻造用黄铜棒

C4621
C4640 } 海军黄铜

第四位数字代表化学成分。若化学成分和美国标准相同，则用0；这种材料若是日本开发的或是它有与美国标准不同的国外标准，则用1~9中的数字表示。例如：

C3710　易切削黄铜（板）
C3712　锻造用黄铜（棒）
C3713　易切削黄铜（板）

综上所述，牌号的第一位数字虽然连号，但它之后的数字就不一定连号。

牌号后面除了以上数字之外，还附有代表材料形状的字母。例如：

P			板
R			条
B	棒——	BD	冷拔棒
（自动设备用的后面缀上S）			
		——BE	挤压棒
		——BF	锻造棒
BB			总线棒
W			线
T			无缝管
PP			印刷用板
TW			焊接管

还有在第62页加工硬化一篇曾做过的说明，像板状（P）、条状（R）的轧制品，按它们的特性差异，在牌号后面应缀上O、1/4H、1/2H、H等符号。这样才能保证材料的力学性能。

通过这种特性差异符号，才可以判断切削或弯曲时的材料的抗力。而且，冷拔棒BD、线材W、管材T、焊接管TW的牌号后面也应缀上O~H的特性差别符号。

▲地铁的车体外板是用 A5083P 铝合金板制造的

铝和铝合金的牌号

相对于钢铁，铝在很多领域被广泛应用。铝的历史很短，它属于年轻金属，今后在新的领域还有待于开发利用。

众所周知，铝很轻，属于轻金属。它具有耐蚀性好（不生锈）、导电性好、传热性能高等具有实用价值的特性；它还具有易于加工的塑性、利于铸造的低熔点等有利于制造加工的特性。由于它的力学性能不高，所以不能用于以强度为目标的地方，但也可以制造出与 SS 钢材（见第 94 页）的抗拉强度相仿的铝合金，例如硬铝。

铝和铝合金的区别就如铜和铜合金一样没有明确的界定。因此，不用说普通人，即使是和机械领域有关的人员也把铝合金说成铝。但是，用于制造机械零件的几乎都是铝合金。

铝材现在的 JIS 标准是在 1970 年修订的，但从前的叫法（例如：防锈铝合金、高强度铝合金）、俗称和按发明者自命的名称（例如：硬铝、铝硅合金）还在通用，而它的牌号和铜一样很难记，后面缀有 4 位数字，而且还要缀上表示材质的符号。

铝合金可分成变形材和铸造材。变形材是通过压延、挤压、冷拔等加工工艺使其

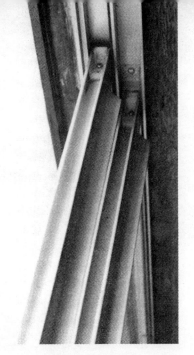

▲链轮齿的材质是 A2017P–T4　　▲活塞杆的材质是 A4032FD　　▲铝合金窗框的材质是 A6063S–T6

变薄或拉长的材料。因变形材的标准是遵循美国铝制品协会（AA）的标准制定的，所以也有即使在 AA 里有而在 JIS 里没有的牌号。

牌号后缀有 4 位数，第一位数字表示按主要添加元素划分的合金系列，第一位数字之后的其他数字也有一定的含义，但在此不再详述。

添加不同的元素，其合金具有各种不同的特性，粗略的叙述如下：

● 1000 系列纯铝：强度低，耐蚀性、焊接性、导热性、导电性好。

● 2000 系列铝铜合金：耐蚀性、焊接性差，强度有的与钢等同，容易切削。其代表性牌号有 2017（硬铝）、2024（超硬铝）。

● 3000 系列铝锰合金：在耐蚀性不变的情况下提高了其强度，强度比 1000 系列高，用途很广。

● 4000 系列铝硅合金：熔点低，热膨胀率小。有用来锻造活塞的 4032 牌号。用量少。

● 5000 系列铝镁合金：耐蚀性、焊接性好，相对强度较高。种类最多。

● 6000 系列铝镁硅合金：耐蚀性好，挤压加工工艺性好，有用来制造门窗的 6063 牌号。

● 7000 系列铝锌镁合金：在铝合金中强度最高，但耐蚀性稍差。有用来制造飞机的 7075 牌号。

其中，2000、6000、7000 系列是可热处理强化的材料。

▲代表性的模铸件：用含铜铝硅合金 DC1 制造的照相机机身（日本光学提供）

铸造铝合金

经常用铝铸造铸件。这时虽然叫做铝，但它指的全部都是铝合金。在 JIS 里有铸造铝合金的标准。

对铸造用的铝合金需添加各种各样的金属元素，才能满足其提高铸造性、增加强度、提高焊接性、耐蚀性和导热性等各种不同的使用要求，为此规定了相关标准。在 JIS 里的铸造铝合金的标准如下：

添加了质量分数为4%～5%的铜的铝合金为第一种，有一定的强度、韧性和耐热性，牌号是 AC1A。

在第一种铝合金的基础上添加质量分数为 4%～5%的硅的铝合金叫做方塔尔铝合金，这是第二种。通过添加硅元素，改善了第一种铝合金铸造性能差的弱点，提高了其铸造性。它还可以进行焊接。牌号有 AC2A 和 AC2B。

添加了质量分数为10%～13%的硅的铝合金叫做铝硅合金，这是第三种。由于添加了较大量的硅元素，所以它的铸造性能好，热膨胀系数也小，其牌号为 AC3A。但用它不能制造有强度要求的零件。

在第三种铝合金的基础上添加镁元素，提高了其强度，这是第四种，叫做 γ 铝硅合金，牌号为 AC4A。在此基础上再添加铜的铝合金是铜铝硅合金，牌号为 AC4B。除此

▲船的螺旋桨是用 ADC5 制造的

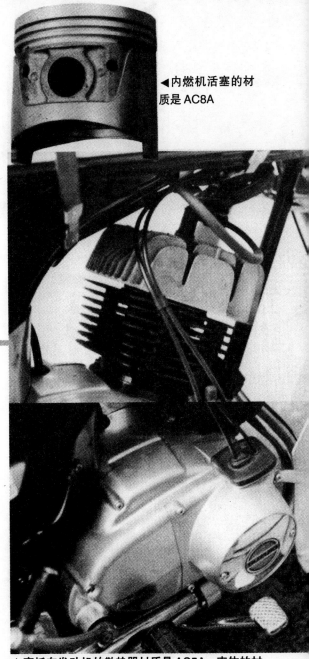

◀内燃机活塞的材质是 AC8A

▲摩托车发动机的散热器材质是 AC5A，壳体的材质是 AC3A

之外还有 AC4C 和 AC4D 等。

添加铜、镁、镍元素的铝合金叫做 Y 合金，它既有强度又有耐热性，这是第五种。其牌号为 AC5A。

添加质量分数为 3.5%～11% 的镁后提高了合金的耐蚀性。这种合金叫做铝镁系合金，这是第七种，牌号为 AC7A、AC7B。

第八种是以强度、耐热性、耐磨性好和小的热膨胀系数为目的的，是用来制造内燃机活塞的。添加了硅、铜、镍和镁元素的是 AC8A 和 AC8B，未添加镍元素的是 AC8C。

由于铝的熔点低，所以经常用来进行压铸成形。压铸合金的牌号字母为 ADC。

还有 AC3A 和 AC7A 是不可进行热处理的铝合金。

147

▲火箭的壳体和发动机的材质是钛合金

钛、镁、锆

钛

钛是新型的实用金属，它的最大特点就是耐蚀性，即不易被海水腐蚀；它还具有重量轻、相对强度较高、耐高温等特点。因此，它是喷气发动机零件、飞机骨架、火箭领域不可缺少的材料。但按其使用量来说，它在化工设备上的使用量是最大的。

钛虽然具有非常优秀的性质，但它的缺点是加工性不好；它具有导热性差、粘性大、容易引起加工硬化等与不锈钢相似的性质。

在切削工具材料中，金属陶瓷是以碳化钛（TiC）为主体的材料。

镁

镁的密度为$1.7g/cm^3$是很轻的金属，但由于它容易引起化学反应，而且容易被腐蚀，所以不可能以纯镁的形式使用它。必须通过添加其他元素，抑制其缺点，提高其性能，这就是镁合金。

镁合金最多以铸件形式使用，在JIS标准里有添加了铝、锌、锰、锆等元素的镁合金铸件和压铸件，以及热轧板、棒材、管材等。

有时用镁来减轻零件的重量。但由

于它热处理后的抗拉强度也不高于 $25\text{kg f}/\text{mm}^2$，所以不能用于有强度要求的地方。

对于镁合金大家必须要注意一点，就是对它进行切削加工时产生的切屑，前面已经讲过镁是容易引起化学反应的金属，若使用稍微有一点不太锋利的切削刀具进行切削，因切削热的作用切屑就会燃烧起来。当然，一般人很难相信金属会燃烧。所谓燃烧，就是金属和氧气化合时产生热量的一种化学反应。细的切屑表面积越大越容易燃烧。

一定要及时拿开已燃烧起来的切屑，以防止火焰传到其他切屑上。为降低切屑的温度，也可以把铸铁的切屑撒到它的上面，但绝不可以用水浇它。水会助长化学反应，所以很危险。

锆

锆金属和钛金属相似。这种金属一般不常用，但它是制造原子反应堆燃料棒被覆管的重要材料。因为它除了耐蚀性和高温强度之外，还具有吸收热中子的截面积小这一原子反应堆所必需的条件。它以泽卡洛伊锆合金的形式被使用。

照相机用的闪光灯泡内部就是被密封的细锆线（用箔切成的）和氧气。

▲用锆合金制造的原子燃料棒的被覆管

149

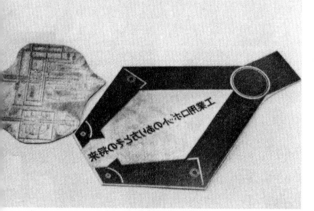

▲干电池负电极是用锌制造的

▲活版印刷用的锌凸版

▲微型车模是用锌合金压铸的

锌、铅、锡

锌

锌作为铁板的防锈镀膜材料被大家所熟知。一般把镀锌的铁板叫做镀锌板或锌铁板。除此以外，镀锌工艺还广泛应用于其他钢铁材的防锈领域。

因为锌易腐蚀且强度低，所以除了用它制造印刷制版和电池的负电极之外，锌本身几乎无法用作它用。但它作为合金元素广泛应用于像黄铜一样的合金材料中。

制造机械零件用的锌是压铸的铸造锌合金。它是添加了铝、铜、镁等元素的锌合金。

锌合金随着时间的流逝将发生收缩，即尺寸变小，这是它的特点。而这种收缩在室温下经过5周后就会终止，因此应该充分考虑这一因素之后再利用它。

铅

铅具有其他金属所没有的特殊性质，即密度大（11.34g/cm³）、较软、熔点低（327.5℃）、延展性大、起润滑作用、耐蚀性很强等。它被应用于能够发挥其特性的领域。

在机械领域几乎不直接使用纯铅。像易切削钢（见第121页）和易切削黄铜（见第138页），添加铅元素是为了提高材料的可加工性。因为铅很难固溶，所以材料中有铅元素就容易进行切削加工。

用铅制作轴承合金（见第157页），是利用了它的润滑性和柔软性。而使用铅和锡的合金制造焊锡、活字印制铅合金、熔断器的熔丝、自动消火栓等都是利用了铅的低熔点特性。

我们都直接能看到的用纯铅制造的蓄电池的电极、用铅覆面的自来水管和通信电缆等产品。

此外，绘画颜料筒是利用压延方法在铅的两侧粘贴上锡的材料进行冲压而制成的。

锡

锡和铅一样，是低熔点金属，它在较低的温度下就可被熔化。

因为锡的硬度和强度都很低，所以用纯锡可对铁板进行镀锡处理。从前把锡箔叫做银纸，用它进行香烟和巧克力的内部包装，但现在已被价格更低的铝箔所代替。

和锌、铅一样，锡的合金被应用于各种领域。

▲以铅、锡为主要成分的合金中添加了锑元素的活字合金

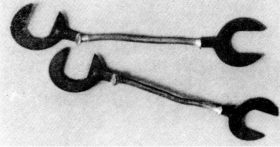

▲在铅锡合金中添加了锌元素的保险丝

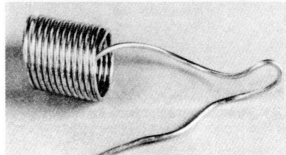

▲铅、锡各占质量分数为50%的普通焊锡

▲铅上贴锡后制造成形的绘画颜料筒

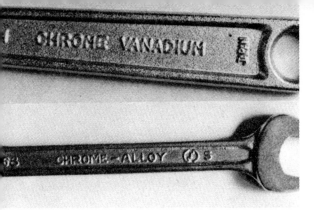
▲上部为铬钒合金，下部为铬钢材质的工具

▲电车的电阻器由铁和铬的合金制成

▲真空管的内部电极是用镍制造的

铬、镍、锰

铬

在以铬钼钢和不锈钢为主的各种合金里经常出现这种金属元素的名称，但它的常见形式是镀铬。因为它闪闪发光，而且不易生锈，所以用途较为广泛。

经常会听到"镀铬硬质合金"这种名称。这并不是说它的镀层硬度有多高，它在JIS标准里是指工业用镀铬的俗称。在JIS标准里对镀膜厚度进行了较为详细的规定，它是对较厚镀层的称呼。其硬度超过了Hv750，它确实很硬。若把工件的内孔磨大了，可以对其进行镀铬处理，使其尺寸恢复到公差范围之内。你是否曾经有过这种工作经历呢？

把铬添加到铁里制成的合金可以制作电热线。电车上用的电阻器就是铬的质量分数为14%～15%的铁铬合金。

镀铬层会形成极小的气泡孔洞，一接触到雨水，水就会渗进去，并和母体铁形成铁锈，从而引起镀层的脱落，造成镀层斑点。

镍

镍是耐蚀性很强的金属，利用它的这一性质，把它用于镀膜和合金材料。纯镍有真空管电极用板、棒、条、管等的JIS标准。

作为镍金属的合金材料而被大家所熟知的有不锈钢、白铜、洋白铜等。JIS标准里有镍的质量分数为40%～50%的铜合金及镍的质量分数低于25%的几种电阻材料标准。这些只能用作低温电阻及低温发热体。

以镍为主要成分（质量分数为63%～70%）的镍铜合金里最典型的是蒙乃合金（蒙乃合金是高强度耐蚀镍铜合金）。由于它耐腐蚀，特别是耐酸腐蚀，力学性能也好，而且还耐高温，所以用于高温化学领域。在添加了不同含量的硫、铝、硅等化学元素后，还可以获得具有不同特性的R蒙乃合金、K蒙乃合金、S蒙乃合金、H蒙乃合金等合金。

还有添加钼、镍、铁、硅等元素的耐盐酸镍基合金A～D和镍铬铁耐热合金。因为镍合金很"粘"，所以它是很难进行切削加工的金属材料之一。

镍铬合金线（NCHW）是电热线的典型产品，它是用以镍为主要成分的镍铬合金材料制成的。

火花塞中心的电极温度极高，而且它还被周围不导热的磁性材料所包围，所以采用耐蚀性高的镍金属制造。

锰

锰只以少量被添加到各种合金材料中，是用于提高材料的淬火性能的有效金属，也是铸造强力黄铜、铸造铝青铜和不锈钢的不可缺少的金属。炼钢时锰铁合金作为脱氧剂和脱硫剂被大量使用。

此外，锰还可用于制造干电池的阳极材料二氧化锰（MnO_2）。

▲火花塞中心电极是用镍金属制造的

▲电热线的典型材料是以镍为主要成分的镍铬合金线

▲干电池的阳极材料是二氧化锰

153

钨、钼、钒、钴、钽

钨

钨和钼是高熔点金属的代表性金属。因其熔点高，不能像其他金属一样通过熔化进行冶炼，只能通过化学方法精制出粉末状的钨。

我们知道白炽灯泡的灯丝是用钨制成的。把钨粉烧结成细棒料，然后通过锻造工艺把它加工成粗线，再把它拉拔成所需直径的细钨丝。

实际上，钨的最大用途是作为合金元素制造高速钢和超硬合金。这大约占整个用途的90%。

钨还用于开闭频繁的电器触点上，如汽车发动机高压电路的分电器触点等，这均是金属钨的耐高温特性的应用。

钼

钼的精制方法和钨一样。

钼金属的主要用途也是用于制造特殊钢。特别是添加了钼的钢具有淬透性好、韧性高就是利用了这一特性。

利用钼的高熔点这一特性来制造灯泡和真空管内的钨丝支架以及电极。

钼还有一种特殊用途，就是用它制造密封玻璃用金属。这种金属和硬质玻璃的热膨胀系数几乎一样，而且钼的氧化物易溶于玻璃，所以这种金属非常适合于制造气密材料。还可通过钼、铁、铜等合金元素含量的调整，可以制造出适合各种不同热膨胀系数玻璃的金属材料，而且这种金属材料的导电性也好，所以还可以把它密封在玻璃内当导线用。

此外，利用它的高熔点、导电性好、比热容小、热导率高、热膨胀系数小、溶于玻璃而不被着色等性质，还可以用它制作玻璃熔融电极。

钒

钒也是用于制造合金钢的金属，将其添加到钢中可改变钢的特性。钒与钨、钼、铬、镍四种元素按一定比例添加可制成各种用途的合金钢。

钒和碳的化合物在各种碳化物里硬度最高，因此可用钒元素来提高材料的耐磨性。钒还具有细化钢的晶体粒度的作用，所以可以提高材料的韧性。

因此，很多特殊钢制造厂家在市场上不仅在出售合金钢，还出售冠以"钒钢"名称的材料。而工具制造厂商从营销策略的角度出发，向消费者和营销企业进行"我们的工具是用含钒的钢制造的"等宣传。

钴

钴也不可能以单体的形式应用，几乎都是以合金元素的形式添加到耐热合金、永久磁铁、高速钢、超硬合金等合金中。

耐热合金包括耐热钢和耐蚀耐热超合金（超合金、镍铬铁耐热合金），但因以钴为主的材料加工很困难，所以一般是通过特殊铸造工艺成形后被应用于喷气式发动机、涡轮增压机、汽轮机中。

还有以耐磨、耐热为目标，通过堆焊形式应用的被称作钨铬钴硬质合金也属于钴合金。其中，钴、铬、钼的质量分数分别为 60%、30%、5% ~ 6% 的合金被用作牙科用合金。

钽

钽也属于高熔点金属。但它与钨和钼不同，它是通过电子流熔化的方法制成的。

把碳化钽（钽和碳的化合物）添加到超硬合金里，可以提高超硬合金在高温下的耐磨性。

因钽本身的耐酸性是最好的，所以可用含钽的薄板制造化学装置。而大家所熟知的电子零件钽电容器，具有体积小、容量大、耐用、使用温度范围大等特性。

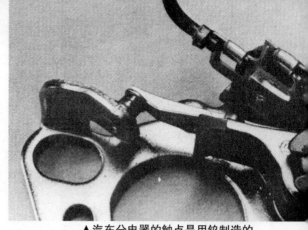

▲汽车分电器的触点是用钨制造的

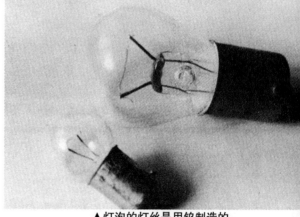

▲灯泡的灯丝是用钨制造的

▲强调钒的使用性能，被商家标榜为高端产品

▲发动机曲轴用的各种轴承

轴承合金

　　不断发生摩擦-磨损-更换，这是轴和轴承在使用过程中遇到的一个很麻烦的问题。为了减少其摩擦，降低磨损，延长使用寿命，所以目前滚动轴承较为常用。

　　但因不能使用或很难使用、价格高等等原因，在机械领域的很多地方不能使用滚动轴承。本页所述的轴承合金，就是指滑动轴承合金。而第119页的轴承钢是指滚动轴承用的钢材。虽然都是轴承材料，但两者是具有完全不同的性质。

　　对于磨损的轴和轴承来说，还是更换靠近两端的轴承较为容易，而且所用材料较

少。所以在一般情况下，轴承的相对硬度要低于轴。

　　即使是轴和轴承的硬度相同，也要保证两者不发生烧结现象为好。还有，若用实体材料加工轴承通孔，将会产生很多切屑，而若直接铸造出这个轴承通孔，将会节省很多材料。所以，轴承合金大多是铸造用的材料。

　　轴承合金有早被人们所熟知的白色合金（white metal）、铝合金、铜铅合金。它们均有JIS标准。

　　白色合金如其名是白色金属，牌号为WJ。它有锡系合金和铅系合金。在锡中添加

156

▲从轴的端部套进去的轴承

▲这是烧结含油轴承

了锑和铜的合金叫做巴氏合金，它在 JIS 标准中的牌号是 WJ1、WJ2（第 1 种、第 2 种），是适合高速大载荷用的轴承合金。

因为其主要成分锡的价格高，所以用铅替代了一部分锡，这就是第 3 种、第 4 种合金。在锡中添加少量的铜和质量分数约为 30% 的锌为第 5 种合金。第 3 种合金适合高速中载荷使用，第 4 种、第 5 种合金适合中速中载荷使用。

以铅为主要成分的白色合金是第 6 种～第 10 种合金，其牌号为 WJ6～WJ10。随着含锡量的减少，逐渐变成适合中速小载荷使用。

把铜和铅的合金称作油膜轴承合金，它是比巴氏合金更强的适合高速大载荷使用的轴承合金，其牌号有 KJ1～KJ4 共 4 种。

在铝基中添加锡和铜的合金，因其力学性能优于白色合金和金色合金，所以适用于高速大载荷，但它的缺点是热膨胀量大。其牌号为 AJ，有第 1 种、第 2 种两种合金。

作为机械零件的滑动轴承，其衬套材料除了上述这些合金之外，在 JIS 里还有青铜、磷青铜、青铅铜等材料。

还有一种轴承叫做烧结含油轴承。它不是用合金材料制成的，而是把金属的细微粉末通过冲压进行成形，然后烧结固化，最后再往粉末间隙中浸油制成的。除铁基含油轴承之外，还有用铜、锌、锡、铅等金属粉末加工制成含油轴承。

▲ 21K 和 14K 的钢笔笔尖

▲ 五项全能的金牌

▲ 这是镀了金的引导线

金、银、铂、汞

金

从古开始金就被用于装饰，这是因为金不仅柔软，而且它是延展性最高、耐蚀性最强的金属的缘故。也就是说，它不仅容易加工，而且金色感官也不差。

金在工业上的用途也很多，如用它制造电子零件的引导线和触点等部位。这是因为它的电阻小，仅次于银和铜，而且不生锈（耐蚀性强），还能把它加工成薄而细的形状（延展性好）的缘故。

钢笔的笔尖就是利用了金合金的耐蚀性和适中的弹性。

装饰上还有贴金、镀金的表面处理方法。包金牙又是金的另一用途，而这是最贴近我们身边的金。

金习惯上用 K 来表示其纯度，24K 就是纯金。包金牙用的是 14K 金，而金笔的笔尖是用 14K 金或 18K 金制造的。

在金合金中添加银和铜，可用于制造货币和装饰品。金币中一般含有质量分数为 10% 的铜，会带一点红色。而添加质量分数为 5% 的银就会带一点绿色。

银

银也和金一样，从古时候开始就被用

于制造货币和装饰品，因为它的银色很漂亮。但是银的最大用量是用来制造胶卷等感光材料，这是在化学领域的用途。在机械领域里，用它制造电器触点，这是因为银的电阻更小，而且银锈也是导电体的缘故。

铂

铂俗称白金，与金、银相比，其知名度很低。因铂的耐蚀（耐酸）性高，所以用它制造化学工业用的坩埚。在工厂里较熟悉的是作为热电偶的高温温度计。它是利用了铂在很大温度范围内电阻和温度成比例，而且其熔点高的性质。较为特殊的是，米尺标准原器是用铱的质量分数为10%的铂合金制造的。

把金、银和铂总称为贵金属。在金属学里，铂系列除铂之外还包括钯、铱、锇、铑、钌等金属。贵金属是产出量少、高价格的金属，因此人们从它的加工残留屑、照片定影液和旧胶卷中回收它们后再利用它们。

汞

汞俗称水银，它与其他金属有所不同，在常温下它是液体，大概只有在实验室才能看到单体的汞。

温度计、水银开关里的汞，虽然装在容器中，但是还可以看到，而像水银灯、水银电池里的汞就无法看到它的实体了。

▲东京奥林匹克运动会的纪念币——银币

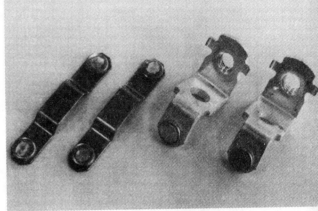

▲电磁开关的银触点

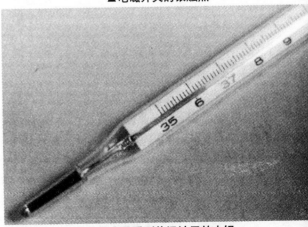

▲很容易看到体温计里的水银

159

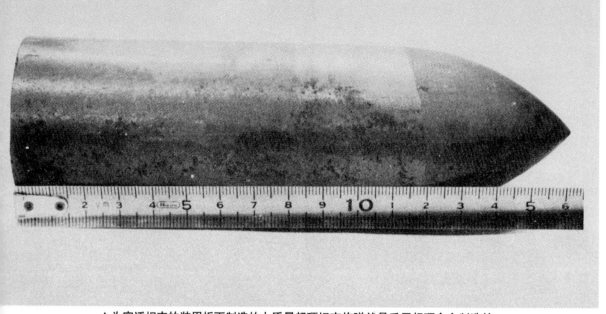

▲为穿透坦克的装甲板而制造的大质量超硬坦克炮弹就是采用超硬合金制造的

硬质合金

　　硬质合金这个名称，是否给人一种特别硬的印象呢？这对于在机械工厂里从事切削加工工作的人来说谁都很清楚。

　　它既有材料方面的硬质合金标准，也有切削工具方面的硬质合金标准。

　　那么，它到底是一种什么样的合金呢？它与本书目前为止所介绍的合金完全不同，它是以钨为基体的高熔点金属。在这里简单介绍一下它的制造方法。

　　把钨粉和碳粉按一定比例混合、化合制成碳化钨（WC）粉末，再以钴粉末为结合材料，把钛和钽粉末作为其他目的混合加到碳

化钨粉末中，然后用冲压模具加压成形，最后再经烧结即成为固体，此时不同的细小粉末就会相互结合在一起，把这种制造方法叫做烧结工艺。机械零件中的烧结含油轴承也是先把粉末冲压成形，然后再烧结而成，只是所用的金属材料不同而已。通常把这种制造工艺叫做粉末冶金。

　　由于制造方法与众不同，所以硬质合金不能以原材料的形式存在，而只能以有一定使用目的的某种形状存在。例如，刀具就是把通过冲压成形、烧结制成的硬质合金刀头钎焊到刀具的刀体上制成的。

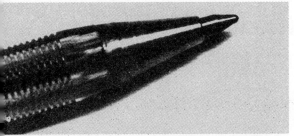

圆珠笔的笔头是采用 φ 0.8mm 的硬质合金球制成

▲硬质合金刀头

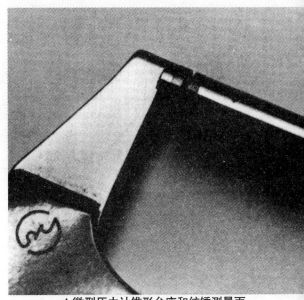

▲微型压力计锥形台座和纺锤测量面
也是采用硬质合金制成的

硬质合金如同文字所述硬度非常高，可达到洛氏硬度（见30页）$H_R A90$左右。这么高的硬度在34页的硬度换算表上是找不到的，是不可加工的。因此，它只能以切削工具、耐磨工具和耐磨零件的形式存在。

硬质合金分为S、G、D三种，被用于切削工具的是S和G两种。但由于所有制造厂商既不公开工具的成分，在商品上也不标出其种类，所以无法判定它属于哪一种类。

但在切削工具的使用选择基准里规定了P、M、K三种材料种类，而且用不同数字代表其硬度和粘性。切削工具就用P10、M20、K40等牌号表示。

硬质合金制造商还制造在JIS里没有列出的中间牌号的硬质合金，并使用各厂商独立的牌号。而且随着技术的快速更新，还在不断地出现新品种，所以很难掌握所有种类。

采用硬质合金除了制造切削工具之外还大量制造有耐磨性要求的工件，如冷拔模具、矿山截煤机截齿、圆珠笔的笔头、微型压力计的锥形台座、纺锤端头、千分尺的测头等等，还有超硬的坦克炮弹，因为它质量大、硬度高，所以能穿透坦克的厚厚装甲。

161

附录 中日常用钢铁材料牌号对照

日本	中国	附注
SS400	Q235—A	碳素结构钢
SM490B	Q345B	低合金高强度结构钢
SCM440（QT）	42CrMo	标准调质钢
S45C（N）	45	优质碳素结构钢（正火）
S45C（QT）	45	标准调质钢
FCD45	QT450—10	球墨铸铁
SCM435（QT）	35CrMo	标准调质钢
SM58Q	15MnV	
SCW410	ZG230—450	铸造碳素钢
FC10 ~ FC35	HT100 ~ HT400	灰铸铁
FCD40 ~ FCD70	QT400—18 ~ QT900—2	球墨铸铁
FCMW34 ~ FCMW38	KTB350—04 ~ KTB450—07	白心可锻铸铁
FCMWP45 ~ FCMWP55	KTZ450—06 ~ KTZ700—02	珠光体可锻铸铁
FCMB27 ~ FCMB36	KTH300—06 ~ KTH350—10	黑心可锻铸铁
SUP3	65Mn	弹簧钢
SUP3（SUP6-13）	50CrVA	弹簧钢
SCM415	20CrMnTi	合金结构钢
SCM435	35CrMo	合金结构钢
SCM440	42CrMo	合金结构钢
SCr420	20Cr	合金结构钢（渗碳）
SCr440	40Cr	合金结构钢
S20C	20	优质碳素结构钢（渗碳）
S25C	25	优质碳素结构钢
S35C	35	优质碳素结构钢
S45C	45	优质碳素结构钢